퍼즐·물리 입문

즐기면서 배우기 위하여

전파과학사는 독자 여러분의 책에 관한 아이디어와 원고 투고를 기다리고 있습니다. 디아스포라는 전파과학사의 임프린트로 종교(기독교), 경제·경영서, 일반 문학 등 다양한 장르의 국내 저자와 해외 번역서를 준비하고 있습니다. 출간을 고민하고 계신 분들은 이메일 chonpa2@hanmail.net로 간단한 개요와 취지, 연락처 등을 적어 보내주세요.

퍼즐·물리 입문
즐기면서 배우기 위하여

–

초판 1995년 02월 20일
개정 1쇄 2024년 09월 10일

–

지 은 이 쓰즈키 다쿠지
옮 긴 이 임승원
발 행 인 손동민
디 자 인 오주희

–

펴 낸 곳 전파과학사
출판등록 1956년 7월 23일 제 10-89호
주   소 서울시 서대문구 증가로18, 204호
전   화 02-333-8877(8855)
팩   스 02-334-8092
이 메 일 chonpa2@hanmail.net
공식 블로그 http://blog.naver.com/siencia

ISBN 978-89-7044-676-9 (03420)

퍼즐·물리 입문

즐기면서 배우기 위하여

쓰즈키 다쿠지 지음 | 임승원 옮김

전파과학사

머리말

퍼즐이란 사람들을 헷갈리게 한다든가 얼떨떨하게 만드는 일인 것 같다. 그러나 상대방에게 어려운 문제를 주어서 답하기 어려운 상태로 빠뜨리는 것은 아니다. 그것을 푸는 사람이 많든 적든 해답의 가능성을 갖고 있지 않으면 안 된다. 그래서 추리소설에서는 미리 범인이 준비되어 있기 때문에 퍼즐이 되지만 거리에서 실제로 일어난 살인사건은 좀처럼 퍼즐이 되기 어렵다.

그렇지만 바로 풀려 버리는 것 같은 문제로는 재미가 없다. 해답에 다다르기까지 이것저것 사색하고 지식을 정돈하며 옳지 않은 것을 버린다. 그리고 마지막으로 자기 힘으로 해답을 발견하든 귀찮아져서 책장을 넘겨 커닝을 하든 과연 그것이 올바른 해답이구나, 그리고 보니 바로 그대로다,라고 독자가 충분히 납득할 수 있는 것이 퍼즐의 이상(理想)이다.

특히 그때 얼핏 보기에 옳은 것 같은 것이 잘못이고 잘못된 것 같은 것이 올바른 해답이어서 올바른 해답을 읽고 참으로 지당하다고 말할 수 있을 만큼의 의외성이 있으면 이보다 더 좋은 일은 없다.

그런데 물리, 화학, 생물 등을 소재로 하여 퍼즐을 만들 때 이러한 멋진 문제는 좀처럼 없다. 아무래도 설문이 특수한 것이 되기 쉽고 자칫하면 독자가 가지고 있는 지식과 흥미의 범위를 벗어난다.

예컨대 '이러저러한 것은 어째서입니까?', '모르겠습니다.', '이러저러하기 때문입니다.', '허참 그러한 것입니까.' 이것으로는 퍼즐이 되지 않는다. 이는 단순한 지식의 사전이다. 역시 퍼즐이란 질문자와 해답자가 공통된 흥미와 지식에 입각해서 즐기는 광장이 아니면 안 된다.

그런데 이러한 최초의 각오가 어디까지 이 책에서 실현되었는가는 일단 제쳐 놓고라도 만든 문제에 대해서는 "물리는 초심자"라고 스스로 인정하는 사람들을 몇 번이나 모이게 하여 여러 가지로 야단맞으면서 집필을 진행시켰다. 참매미가 울 무렵 창을 활짝 열고 "덥다, 더워" 하면서 제법 즐기면서 문제를 만들었다.

다행히 물리학에도 특히 역학이나 광학 등에서는 직관적으로 생각하기 쉬운 문제가 많다. 게다가 힘의 문제 등 일반적으로 잘못 이해되고 있는 것도 있고 의외성(意外性)이 풍부한 문제에도 이따금 마주친다.

그러나 전자기학이 되다 보면 물리학의 분야에서 넓은 범위를 차지하고 있음에도 불구하고 퍼즐로서의 문제는 여간해서 일상생활의 상식이 되기 어려운 것이 많다. 이 때문에 이 책에서도 설문은 역학이 압도적으로 많고 다음이 광학이라는 식으로 상당히 한쪽으로 치우쳐 버렸다. 퍼즐로서의 성격상 부득이한 일일 것이다.

물리학에서는 당연한 것으로 생각되고 있었던 상식도 실은 잘못이었다는 일이 적지 않다. 상대론이나 양자론과 같은 현대의 물리학뿐만 아니라 힘이라든가 회전이라는 극히 사소한 곳에 터무니없는 큰 잘못을 저지르는 일이 있다. 필자도 이 원고를 쓰면서 혹시 어딘가에 큰 잘못을 저지르고 있는지도 모른다. 그때는 부디 질타와 함께 알려 주기 바란다.

끝으로 이 책의 편집에 협력해준 고단샤 과학도서 출판부의 여러분, 특히 문제의 선정 및 기타 여러 가지 의견을 주신 스에다케 신이치로 씨에게 마음으로부터 감사드린다.

쓰즈키 다쿠지

차례

제3장 지구

제4장 유체역학

제5장 빛과 소리

제6장 열과 전자기

제7장 상대론과 우주

제1장

의문에서 창조로
─하늘의 색깔에 대하여

하늘은 왜 푸른가

확실히 하늘은 푸르다. 흐린 날에는 백색이나 회색으로 덮여 버리지만 이것은 구름이라는 부유물 때문이고 원래의 색깔은 청색이다. 또한 아침, 저녁에는 불그스름해지는 일도 많지만 이것도 무언가의 특수사정이고 하늘이 푸르다는 것은 부정할 수 없다. 그러면 어째서 하늘은 푸른가.

매우 소박한 의문이다. 이것은 자연계의 현상이므로 그 설명에는 자연과학, 아마도 물리학이 필요할 것이다. 그리고 지금 우리가 흥미를 갖는 것은 어떻게 해서 물리학이 그 의문에 대답할 수 있는가라는 사고의 진행 방법이다.

그러면 하늘이 녹색이었다면 여러분은 만족하는가?

"하늘은 왜 푸른가?"라는 것은 누구나의 머릿속에 떠오르는 의문이다. 어린이는 바로 그 의문을 질문의 형태로 하여 덤벼든다. 그러나 잠깐 기다리기 바란다. 의문이 생기자마자 질문한다는 것은 너무나도 유치하다. 의문에서 질문으로 옮기는 과정에서 어느 정도의 사고의 정리가 필요한 것이 아닐까.

해답자가 잘 빈정거리는 사람이라면 "하늘이 푸르다는 것이 불가사의하다고 말한다면, 청색이 녹색이라면 너는 만족하는가."라고 역습할지도 모른다. 설마 하늘이 녹색이라도 좋다는 것은 아닐 것이다. 청색이라도 불가사의하다. 녹색도 이상하다. 황색도 곤란하다. 핑크색은 더 안 된다. 이쯤 되면 도대체 어떻게 하면 되는가.

하늘이 푸르다는 것이 의문으로 거론되었지만 이것은 녹색이어야 할 것이 왜 청색인가라든가 원래는 황색인 것이 어째서 청색인가라는 것은 아닌 것 같다. 그렇다면 평범하게 생각하면 어떻게 되어 있어야 할 것이, 현실적으로는 청색으로 되어 있다라는 것처럼 의문을 거꾸로 거슬러 올라가서 생각하지 않으면 안 된다. 그러면 평범하게 생각하면 하늘은 어떻게 되어 있어야 할 것인가.

하늘에 빛나는 태양

하늘에는 강하게 빛나는 태양이 있고 그 이외의 부분은 대부분 진공이다. 많은 별이 있지만 그 별에서 지구에 내리쬐는 빛은 미미한 것이어서 태양광선과 비교하면 대단한 것이 못 된다. 그렇다면 이것은 캄캄한 밤에 공원을 걷고 있는 것과 비슷하다. 단지 1개뿐인 높은 철봉 끝에 외등이 있고 이것이 휘황찬란하게 빛나고 있다. 그 밝기 때문에 신문을 읽을 수 있다. 발밑도 밝다. 올려다보면 외등 부분은 눈부시지만 그 밖의 공간은 아주 캄캄하다.

하늘에 빛나는 태양도 보통으로 생각하면 이렇게 될 것이다. 태양광선 때문에 지구의 표면은 밝다. 그러나 하늘은 아주 캄캄하지 않으면 안 된다. 빛이 다가오는 방향은 밝지만 그렇지 않은 장소가 밝을 리가 없다.

따라서 주간에도 하늘은 캄캄하고 태양만 빛나고 있다고 한다면 이야기의 조리는 맞는다. 그럼에도 불구하고 하늘은 왜 푸른가?

여기까지 와서 의문점은 상당히 말쑥한 형태가 되었다.

캄캄해야 할 것이 실제로는 푸르다. 이는 푸른빛이 우리들의 눈을 향해서 달려온다는 것이다. 결국 하늘에는 푸른빛을 내는 구조가 있다는 것이 된다. 이것이 붉어야 할 것인데 어째서 푸른가라는 것이 되면 당장 푸른빛을 내는 구조로 갈 수는 없다. 먼저 붉은빛의 행방이라는 문제가 사이에 들어온다.

푸른빛을 낸다 해도 그 기구(機構)에는 두 가지가 있다. 하나는 직접 푸른빛을 발광하는 경우다. 또 하나는 각양각색의 색깔의 빛을 받고 그중에서 청색만을 반사 또는 산란하는 물질이 있을 때이다.

하늘 전체에 발광체가 분포하고 있다고는 들은 적이 없다. 그렇다면 하늘의 푸르름은 당연히 두 번째 이유에 따르지 않으면 안 된다. 결국 하늘에는 청색만을 불특정의 방향으로 되튀기는 물질이 있어야 된다.

색이란 무엇인가

청색, 적색, 황색, 녹색이 어떻게 다른가는 색맹이 아닌 사람은 누구라도 알고 있다. 그러나 그 차이를 말로 설명하라면 정말 곤란하다.

황색은 따뜻하다, 적색은 강렬하다, 청색은 싸늘한 느낌이다… 등으로 말할 수밖에는 없을 것이다. 이것은 시각에 의한 차이를 촉각 또는 심리적인 감각으로 바꾼 설명이다. 그러나 괴팍한 사람이 자기에게 적색은 차분하게 생각된다고 버티면 달리 방법이 없다. 그러나 자연과학은 이것을 조금 더 객관성 있는 것으로 표현한다. 빛이란 파도이고 그 파도의 길이가 1만 분의 4mm 정도면 청색, 1만 분의 7mm 정도면 적색이라고 가르친다. 황색은 그 중간 정도가 된다(그림 1). 물론 각양각색의 색깔에 대해

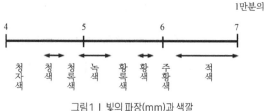

그림1 ㅣ 빛의 파장(mm)과 색깔

서 파도의 길이를 엉터리로 할당한 것은 아니다. 회절격자(回折格子)라는 실험 장치를 사용하여 인정받은 객관적 사실이다. 나는 1만 분의 4mm를 적색으로 하고 싶다고 떼를 써도 허용되지 않는다. 자연과학은 사실만을 다루는 것이고 개인의 기호에 따라 바뀌어서는 감당할 재간이 없다.

파도의 성질

빛이 파도라는 것을 직접 눈으로 볼 수는 없다. 그러나 파도인 이상은 바다의 파도와 같은 성질을 가질 것이다. 사실상 바다의 파도로부터 빛의

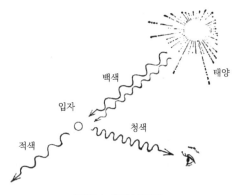

그림2 ㅣ 산란된 태양광

파도의 성질을 추측할 수는 있다.

바다의 파도 파장(피크에서 피크까지의 거리)은 수m가 된다. 지금 바다 속에 반지름 50cm 정도의 말뚝이 서 있다 하자. 여기에 파도가 부딪친다. 파도는 마치 말뚝이 없었던 것처럼 말뚝을 통과하여 태연히 진행한다. 결국 파도는 말뚝으로는 되튀기지 못한다. 다음으로 파도가 길이 30m의 방파제에 부딪친다. 이때 파도는 되튀긴다. 그래서 방파제 안쪽의 해면은 평온하다.

이 두 가지 사실로부터 어떠한 결론이 나오는가? 일반적으로 파도라는 것은 파장 정도 또는 그것보다 작은 장애물은 타고 넘어 진행한다. 그러나 파장보다 큰 장애물과 마주치면 되튀긴다는 것이다. 이러한 것은 왜 하늘이 푸른가의 해답에 앞서서 반드시 예비지식으로서 알아두지 않으면 안 된다.

하늘이 푸른 이유

우주 공간은 대부분 진공이지만 지구의 표면 부근에는 공기가 있다. 그 때문에 지표 부근에는 각양각색의 먼지와 티끌이 떠다니고 있다. 그 입자의 크기는 1만 분의 수mm 정도의 것이 많다. 태양으로부터 오는 것은 백색광선이다. 백색광선이란 청색도 적색도 황색도 녹색도 어떠한 색깔도 포함하고 있는 온갖 파장의 빛의 혼합이다.

이것이 지표 부근에서 부유물질에 부딪친다. 긴 파장의 빛은 그대로 직진하지만 짧은 파장의 빛은 되튀겨져 여러 방향으로 굽는다. 이러한 것

그림 3 ㅣ 아침놀, 저녁놀의 이유

을 빛의 산란이라 한다. 실제는 짧은 파장의 빛, 즉 푸르스름한 부분만이 산란하여 지구상의 사람 눈에 들어온다. 이것이 하늘이 푸른 이유이다. 결국 저 푸른 것은 공간에 떠 있는 먼지와 티끌이다.

의문의 해결과 동시에 거듭 이 결론이 발전, 확장된다. 아침, 저녁에 태양광선은 두꺼운 대기층을 꿰뚫고 우리의 눈에 다다른다. 짧은 파장의 빛은 몹시 산란되어 버려 살아남은 긴 파장 부분만 다가오는 것이 된다. 이 때문에 낮과는 반대로 붉은 부분이 많다.

구름을 만드는 물방울의 크기는 먼지나 티끌보다 훨씬 크다. 보통이라면 백색광을 전 파장에 걸쳐 산란하기 때문에 구름은 희지만 아침저녁에는 긴 파장의 빛만이 다가와서 구름에 닿는다. 아침이나 저녁 무렵의 구름은 이것을 산란하여 우리에게는 붉게 보이는 것이다.

사고의 추이

이 책에서는 물리학에 관계되는 문제를 퍼즐의 형태로 생각한다. 그러나 하늘은 어째서 푸른가라는 소박한 문제 하나를 채택해 보아도 이제까지 언급한 것처럼 해답에 도달하기까지 몇 단계의 사고 과정을 밟지 않으

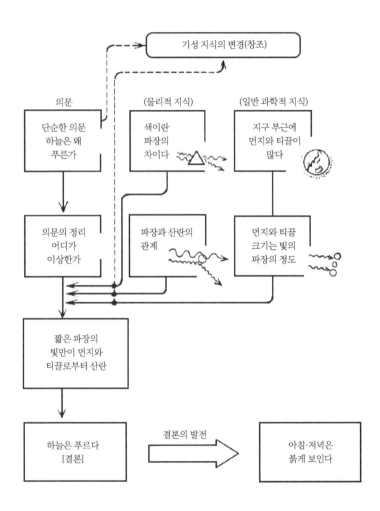

그림 4 ㅣ 의문에서 이해에 도달하는 사고의 추이

면 안 된다.

먼저 단순한 의문이 생긴다(하늘은 어째서 푸른가라는 것처럼). 그러나 많은 경우 의문은 막연하여 의문점을 설문에 맞춰 압축하는 데는 복잡한 현상을 분류, 선택, 정리하는 능력이 필요해진다.

우리는 5개의 감각을 통해서 자연현상을 그대로의 형태로 지각하지만 이것을 분명한 과학적인 문제로 하는 과정에서 가장 큰 능력이 요구되는 일이 많다. 여기서 과학적 지식보다는 논리적인 사고, 때로는 창조적인 사색도 필요해진다. 거듭 이 단계에서 하나의 의문이 다른 의문을 낳고 미지의 현상의 발견이나 매몰되어 있던 법칙의 발굴에까지 발전하는 일조차 있다.

의문이 정리된 문제가 되면 나머지는 기성의 물리학의 법칙이나 일반 과학적 지식을 이것에 적용시켜 간다. 여기서는 넓은 지식과 그것을 적용하는 능력이 필요해진다.

드물기는 하지만 기성의 지식으로는 어쩔 도리가 없는 일이 있다. 이때는 탐구는 기성 개념의 비판으로까지 거슬러 올라가 기성 지식의 변경 또는 확장에 이른다. 상대론이나 양자론은 보통의 사고 과정을 거꾸로 더듬어감으로써 창조에 이른 것이다.

제2장

납득이 가는 설명
—상자 속의 작은 새 이야기

상자 속의 작은 새

이야기가 사사로운 일에 이르러 죄송하지만 필자는 교단에 선지 10여 년이 된다. 그동안 물리학 강의 첫 시간에 다음과 같은 문제를 학생들에게 질문하고 있다.

20g의 상자가 저울에 놓여 있다. 이 상자에 2g의 작은 새를 넣는다. 상자는 밀폐한다. 작은 새가 상자의 바닥에 앉아 있으면 저울 바늘은 당연히 22g을 가리킨다.

그런데 작은 새가 상자 속을 날고 있다고 하자. 이때 저울바늘은 20g을 가리키는가, 22g을 가리키는가. 결국 작은 새의 무게는 상자에 걸리는가, 걸리지 않는가라는 문제다.

날고 있을 때 작은 새는 바닥에도 천장에도 또는 상자의 벽에도 직접 닿지 않고 있으므로 바늘은 20g을 가리킬 것 같은 느낌이 든다. 그렇지만 작은 새는 상자 속에 있기 때문에 그 무게가 없어진다는 것은 조금 이상한 기분이다. 요술의 술수를 밝히기 전에 물리를 공부하는 대학생들에게 답을 물어보면 놀랍게도 언제나 20g파와 22g파가 반반 정도이다.

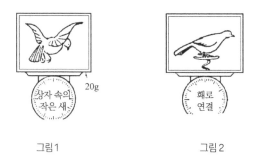

그림1   그림2

그림 3   그림 4

자연과학에서는 어느 쪽이 옳은지는 실험해 보면 된다. 아무리 그럴싸한 이치도 실험 결과와 어긋난 것은 못 쓴다. 20g이라는 답과 22g이라는 답은 한쪽은 맞고 다른 쪽은 틀리다.

그런데 답을 말하는 것은 쉽다. 그러나 그 해답을 납득하지 못한다면 의미가 없다. 절반의 학생들은 틀린 셈인데 "과연 그렇게 말씀하시니 알겠다. 깨끗이 그 해설에 따르자."라는 데까지 가지 않으면 안 된다. 그를 위해서는 어떠한 조리를 세울 수 있는가. 그 추론의 방법은 또한 여러 가지 미지의 해답에 다다르는 방법이기도 할 것이다.

작은 새와 상자가 나무나 실로 연결

상자의 바닥에서 홰가 뻗어 있고 이것에 작은 새가 앉아 있다(그림 2). 다만 상자와 홰를 합쳐서 20g이라 한다. 이때의 무게는 전체 22g이다. 이에는 누구도 이론을 제기하지 않는다. 다음으로 천장에서 그네를 매달아 이것에 작은 새를 태운다(그림 3). 이 경우도 물론 22g이 된다. 그러한 것은 당연하다는 등 업신여겨서는 안 된다. 이 경우에도 작은 새는 직접적으

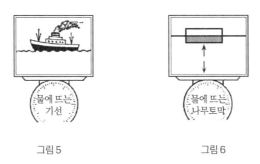

그림 5   그림 6

로는 상자에 닿지 않은 것이다. 그럼에도 불구하고 왜 작은 새의 무게가 저울에 달리는가. 작은 새와 상자는 홰로 연결되어 있기 때문이다. 그네로 연결되어 있기 때문이다.

연결되어 있으면 어떻게 되는 것인가 하면 그것을 통해서 힘이 상자에 전달된다. 이 경우 홰에 작용하는 힘을 압력이라 하고 그네에 작용하고 있는 힘을 장력(張力)이라 부른다. 이처럼 분명히 눈으로 볼 수 있는 고체에서는 그것이 힘의 전달의 역할을 한다는 것을 우리들은 믿어 의심하지 않는다.

작은 새와 상자가 물로 연결

다음으로 상자 속에 딱딱한 것이 아니라 물이 들어가 있어 상자와 물의 무게가 5,000g이라고 하자. 이것에 500g의 집오리가 떠 있다고 하자(그림 4). 이것을 모조리 저울에 올려놓으면 5,000g인가, 5,500g인가.

답은 5,500g이다. 떠 있는 것이 집오리가 아니고 기선이라도 나무라도 사정은 바뀌지 않는다(〈그림 5〉, 〈그림 6〉). 500g의 물체를 수면에 띄우면 반드시 500㎤만큼 수면 아래로 가라앉는다. 이러한 것은 결과적으로

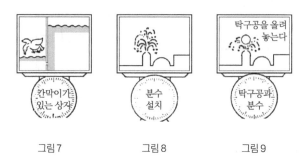

칸막이가 있는 상자	분수 설치	탁구공과 분수
그림 7	그림 8	그림 9

는 상자 속의 물이 500㎤(무게로 말하면 500g) 증가한 것과 다름없다.

또는 작용-반작용의 법칙으로부터 생각해도 된다. 물은 500g의 힘으로 집오리를 들어 올리고 있다. 그 때문에 물은 500g의 힘으로 상자의 바닥을 세게 누른다. 결국은 집오리의 중량이 상자의 바닥에 미친 것이 된다.

그래서 그림처럼 상자를 둘로 칸막이를 하여 한쪽에는 물을 넣고 한쪽에서는 작은 새를 날린다(그림 7). 그리고 한가운데의 벽에 구멍을 뚫어 물을 조금씩 작은 새가 있는 방으로 흘려보낸다. 가령 처음에는 작은 새의 무게가 저울에 달리지 않는다고 해 보자. 작은 새의 방의 수면이 차츰 올라와 물이 작은 새의 배에 닿는 순간 집오리의 이야기와 같아지므로 작은 새의 무게는 저울에 달린다. 이 순간 저울의 바늘은 작은 새의 무게의 몫만큼 쑥 튀어오르는 것이 된다.

밖에서 상자를 보고 있던 사람 아무도, 신조차도 그것에 손을 대지 않았는데 저울의 바늘이 움직인 것이어서 아무래도 부자연스럽다. 작은 새가 날고 있을 때 그 무게는 저울에 달리지 않는다고 하는 답은 어떻게도 할 수 없는 부자연스러움을 낳는다.

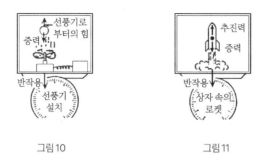

그림 10   그림 11

공기도 힘을 전달하는 역할을 한다

다음으로 상자 속에는 얼마간의 물이 있다고 하고 상자의 바닥에 소형의 분수를 설치한다(그림 8). 건전지를 사용한 모터로 물을 뿜어 올린다. 이 분수에 탁구공을 올려놓으면 무게는 어떻게 되는가(그림 9). 탁구공은 매우 가볍지만 무게는 결코 제로가 아니다. 그래서 탁구공의 무게가 상자에 걸리는지 어떤지를 생각해 보는 것은 결코 무의미한 것은 아니다.

조금 전에 본 것처럼 물은 힘을 전달하는 역할을 한다. 가령 그 물이 움직이고 있을지라도 그러한 역할에는 변함이 없을 것이다. 그렇다면 탁구공은 분수의 물로 상자와 연결되어 있으므로 그 무게는 상자에 걸린다.

그러면 상자의 바닥에 있는 것이 분수가 아니고 소형 선풍기라면 어떨까. 선풍기가 위쪽으로 바람을 보내서 탁구공은 바람을 타고 상자의 공간을 둥실둥실 떠 있다(그림 10). 사정은 분수의 경우와 마찬가지다(분수의 물은 도중에 낙하하고 바람의 대부분은 천장까지 몰아친다는 차이는 있지만).

아무튼 분수에서의 물이 선풍기의 경우 공기에 해당한다. 결국 공기도

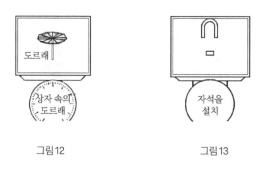

그림12   그림13

물도 마찬가지로 힘을 전달하는 역할을 수행한다. 탁구공은 그림처럼 중력과 선풍기로부터의 힘이 균형이 잡힌다. 선풍기는 탁구공에 상향의 힘을 주고 있으나 그 반작용이 바닥을 아래로 누른다고 생각해도 된다. 결국 탁구공의 무게가 몽땅 상자에 걸리게 된다.

상자 속에서 도르래가 날아도 또는 로켓이 떠도(다만 로켓은 기껏해야 중력과 균형이 잡힐 만큼 분사하여 공중에 멈추고 있다고 하자) 사정은 마찬가지다. 이것들을 공중에 부유시키는 힘의 반작용이 모조리 상자바닥에 걸린다(〈그림 11〉, 〈그림 12〉).

알기 쉽게 생각하면 도르래는 공기를 아래로 세게 내리침으로써 뜨고 로켓은 가스를 아래로 분사함으로써 공중에 머무르고 있다.

힘을 전달하는 것은 물질만은 아니다

그렇다면 공기라든가 물이라는 물질을 사용하지 않고 물체를 지탱한 경우는 어떻게 되는가? 예컨대 〈그림 13〉처럼 천장에 자석을 붙인다. 지금 쇳조각 1개를 자력(磁力)의 작용권 내에 가져간다. 그리고 쇳조각이 자

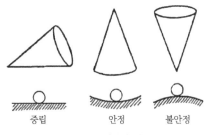

중립   안정   불안정

그림14 ㅣ 역학적 균형

석에 끌어당겨지는 위 방향의 힘과 쇳조각의 무게가 균형이 잡혀서 쇳조
각은 상자의 중간에 정지(靜止)하고 있다고 생각한다.

물론 실제 문제로서 이러한 것은 불가능하다. 무게는 쇳조각의 위치에
관계없지만 자력 쪽은 자석과 쇳조각의 거리에 크게 관계된다. 쇳조각이
조금이라도 위쪽으로 치우치면 바로 자석에 붙어 버릴 것이고 조금이라
도 아래로 치우치면 상자 바닥에 떨어져 버린다. 마치 삼각 모자를 뾰족한
쪽을 아래로 하여 세우거나 산꼭대기에 구슬을 놓는 것과 같다.

이러한 상태를 역학에서는 불안정한 균형이라 한다(그림 14). 불안정
하지만 균형에는 틀림없다. 지금은 힘만을 문제로 하고 있으므로 가령 이
러한 상태가 되었다라고 가정하는 것은 이야기의 진행상 지장이 없다.

그렇다면 이러한 상태가 된다면 쇳조각의 무게는 상자에 걸리는가. 물
론 걸린다. 쇳조각은 자석에 끌어당겨지지만 완전히 같은 힘으로 자석도
쇳조각에 끌어당겨지기 때문이다. 공중에 뜬 쇳조각도 그 무게는 전부 상
자에 전달되고 있다.

이제까지의 예로서는 상자 속 물체의 무게는 고체, 액체 또는 기체라

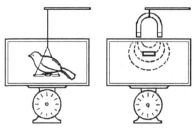

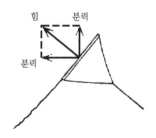

그림 15 ｜ 닫힌 상자가 아닌 두 가지 예   그림 16 ｜ 연에 걸리는 힘

는 이른바 물질을 통해서 상자에 전달되었다. 그런데 자석의 예에 한해서 상자 속은 진공이라도 상관없다. 그러면 쇳조각과 상자를 연결하고 있는 것은 무엇인가. 물리학은 여기서 자력선(磁力線)이라는 것을 가르친다. 자석이 있으면 그 부근에 자력선이 생겨서 이것이 힘의 전달 역할을 한다.

고체, 액체, 기체는 물질이다. 눈에 보이고 보이지 않고는 여하간 이들의 존재를 인정한다. 그런데 자력선이라는 것은 자기력(磁氣力)을 설명하기 위한 가상(假想)의 것이 아닌가……라고 생각할지도 모른다.

그러나 공기는 실체(實體)이고 자력선은 가공(架空)의 것이라고 단정하는 것은 조금 불공평한 것이 아닐까. 힘을 전달한다는 작용에 있어서는 동등하다. 공기가 존재하는 것과 같은 의미로 자력선도 존재한다고 생각하면 어떨까. 간혹 공기는 질량이라는 성질을 갖추고 있으나 자력선은 이 성질이 결여되어 있다는 차이는 있다. 하지만 질량이야말로 실재(實在)의 본질이라고 굳게 믿는 것은 약간 사상(思想)에 유연성이 결여되어 있는 것 같다.

쇳조각의 경우 〈그림 15〉처럼 자석을 상자 밖에 매달아서는 안 된다.

이것으로는 쇳조각의 무게가 상자에 걸리지 않는다. 이것은 마치 천장에 구멍을 뚫어서 밖으로부터 작은 새의 그네를 매다는 것과 같다. 이 이야기의 맨 처음에 상자는 밀폐한다고 미리 말해 두었을 것이다. 밀폐라는 것은 실을 통과시키는 것은 물론 자력선을 통과시키는 것도 거부하는 것이라고 생각하기 바란다.

작은 새는 왜 날 수 있는가

여러 가지 예로 상자 속 물체의 무게는 모두 저울에 달린다는 것을 언급했다. 다시 작은 새의 이야기로 되돌아가자. 작은 새의 무게의 행방을 조사하기 위해서는 작은 새는 어째서 날 수 있는가를 알지 않으면 안 된다.

아르키메데스의 원리에 따르면 공기 중에 떠돌아다닐 수 있는 것은 같은 부피로 공기와 같은 무게의 것이다. 비행선은 이 이유 때문에 뜰 수 있다. 그런데 새도 비행기도 공기보다 무겁다. 그런데도 날 수 있는 것은 새도 비행기도 움직이고 있기 때문이다. 아르키메데스의 원리는 정역학에 적용되는 것으로 동역학에서는 별개의 고찰이 필요해진다.

비행기가 떨어지지 않는 이유로 알기 쉽게 연을 생각하자(그림 16). 연은 바람이 없으면 올라가지 않는다. 즉 동역학이 다. 바람은 연의 면을 비스듬히 뒤쪽으로 민다. 이 비낌의 힘을 분해하여 상하와 전후의 힘으로 나눠서 생각해도 된다. 이때 위로 향한 힘이 연을 공중에서 지탱하게 된다.

비행기나 새에서는 날개가 연을 대신한다(그림 17). 날개가 공중을 달리면 비스듬히 위쪽으로 힘이 작용한다. 위쪽을 향한 분력(分力)을 양력

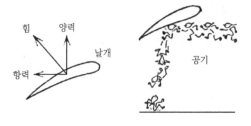

그림17 ㅣ 날개에 걸리는 힘 　　　　　 그림18 ㅣ 공기의 움직임

(揚力), 수평방향의 분력을 항력(抗力)이라 한다. 양력이 무게와 균형을 이룬다. 항력은 프로펠러나 제트의 추진력으로 상쇄되어 비행기는 똑바로 나는 것이다.

새나 비행기가 달리면

공기보다 무거운 비행기가 떨어지지 않는 이유는 알았으나 그때 주위에 어떠한 영향을 미치는가. 날개는 비스듬히 위쪽의 힘을 받는 반작용으로서 공기에 비스듬히 아래쪽의 힘을 준다. 즉 공기를 아래로 세게 내리친다. 그 결과 상자의 바닥에 압력이 걸린다. 비행기나 새의 무게는 공기를 매개로 하여 지면이나 상자바닥에 전달된다.

실제로 날개가 뜨는 이유는 또 하나 있다. 〈그림 19〉에서 보는 것처럼 날개의 윗면을 흐르는 공기는 빠르고 아랫면의 것은 느리다. 물이나 공기는 빨리 흐르면 흐를수록 속도와 수직의 방향을 미는 힘이 약해진다. 항공기의 날개는 이러한 날개를 들어 올리는 힘이 커지도록 충분히 고려한 다음에 설계된다.

그림 19 ㅣ 또 하나의 부력

그림 20 ㅣ 움직임을 멈추고 생각한다

그런데 여기서의 문제는 왜 날개가 뜨는가가 아니고 그 무게가 상자에 영향을 미치는가 어떤가 하는 것이었다. 이 경우 위에 대한 것을 움직임이 없는 기체의 역학으로 고쳐서 생각해 보자. 흡사 날개 하부의 공기가 조밀해지고 상부의 공기가 성기게 된 것과 결과적으로는 같아진다. 조밀한 공기는 바닥을 세게 밀어내리지만 성긴 공기는 그다지 세게 천장을 밀어 올리지 않는다(그림 20). 결국 상자는 무거워진다.

작은 새가 저울에 달리는 무게의 결론

결국 상자 속에 있는 것은 아무리 잔재주를 부려도 그 무게를 없앨 수 없다. 무게가 있는 것은 반드시 무언가의 형태로 상자와 연결되어 있다. 홰나 그네라면 누구나가 연결되어 있음을 인정한다. 그것이 풀이면 어린이는 속을지도 모른다. 물체와 상자를 연결하는 것이 공기일 때는 대학생도 절반쯤은 속는다.

만일 처음부터 작은 새의 저울에 달리는 무게가 없어진다는 것은 어쩐지 이상하다고 생각한 사람이 있다면 그때의 "어쩐지"라는 육감이 타당

하였던 것이라 할 수 있을 것이다. 이것은 자연계의 불변성을 어딘가에서 인정하고 싶다는 기분이 우리들의 가슴속에 있기 때문이 아닐까.

형이 동생을 등에 업고 게다가 손에는 무거운 보따리를 가지고 있었다. 등에 업힌 동생이 말했다. "형, 그 보따리는 무겁지. 내가 대신 짊어질게." 이렇게 하여 보따리는 형의 손에서 등에 업힌 동생의 어깨로 옮겨졌다. 과연 형의 부담은 덜어졌을까.

작은 새의 이야기도 이것과 같다. 하나의 체계 속에 있는 한 그 부담의 절대액은 도무지 변경할 수 없음을 말해 주고 있다.

사고의 발전

작은 새의 무게가 저울에 달리는지 어떤지는 퍼즐의 하나이다.

그리고 저울에 달린다는 해답을 충분히 납득시키기 위해서 홰를 비롯하여 여러 가지 예를 인용했다. 여기서 단순히 결론을 인정할 뿐만 아니고 이야기의 과정을 조금 더 생각해 보자.

저울에 달리지 않는다고 생각한 사람은 힘을 전달하는 물질로서의 공기의 존재를 간과하고 있었던 것이다. 자연계에 공기가 존재한다는 것은 알고 있었으나 그만 깜빡한 것이다. 또는 공기를 별것 아니라고 깔보았는지도 모른다. 어째서일까.

공기는 눈에 보이지 않는다. 손으로 만질 수 없다(실제로는 1기압으로 압박되고 있는 것이지만 그 감각이 마비되고 있다). 즉 인간의 생리에 노골적으로 호소하지 않는다. 그렇다고 하여 그 존재를 무시해서는 안 된다.

감각을 초월해서 객관적으로 사물을 조사하는 것이 자연과학의 특징 중 하나이고 이 퍼즐이 포함하고 있는 문제의 하나이기도 하다.

거듭 특징적인 것은 자석으로 쇳조각을 매다는 예이다. 이 예는 자석의 부근도 공기가 채워진 공간과 마찬가지로 중요한 공간임을 가르쳐 주고 있다.

물질은 분해해 가면 분자, 원자, 또는 전자, 원자핵……과 소립자에 이른다. 자기계(磁氣界)도 최종적으로는 광자(光子)이다. 전자도 광자도 모두 에너지로서의 입자이다.

질량은 자연현상의 일부분에 지나지 않는다. 전기도 특수한 예이다. 그러나 자연계에서 주목할 만한 가치가 있는 것에는 반드시 에너지가 관계하고 있다. 이러한 의미에서 물리학의 대상은 에너지다라고 말할 수 있을 것 같은 기분이 든다.

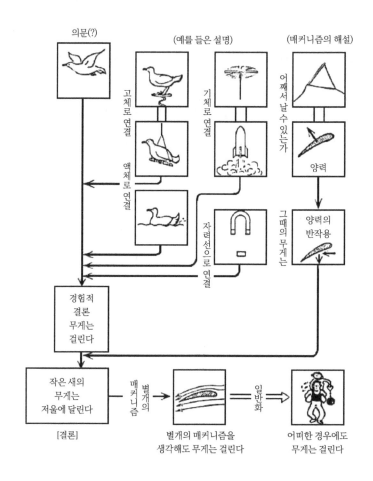

그림 21 l 설득의 방법을 분석한다

제1장

정역학

1. 노무라가 킨피라 참배를 위해 가마를 타다

문제 사누키(讚岐, 현 일본의 가카와현)의 고토히라(琴平)에 있는 킨피라(金比羅)를 모신 신사는 1,368단이나 되는 길고 긴 돌계단 위에 있다. 돌계단 아래에는 가마꾼이 대기하고 있어 가마를 타고 참배한다는 멋을 부리는 선남선녀도 많다.

형제가 메는 가마가 있었는데 언제나 형은 아래, 동생은 위쪽을 메고 있었다. 어느 날 그 가마에 노무라가 탔는데 무심코 가마꾼들의 이야기를 들었더니 형이 이렇게 말하고 있다. "나도 이제는 나이가 들었어. 아래쪽은 무거워 견딜 수가 없다네. 이제부터는 내가 위쪽을 멜게."

과연 형이 말하는 것처럼 정말 아래쪽이 무거운 것일까?

해답 1 | 가마가 막대기의 한가운데에 붙어 있으면 위쪽을 메든 아래쪽을 메든 무게에는 변함이 없다.

이것은 힘의 평행분해의 문제이다. 가마의 막대기가 수평일 때 중심(重心)은 막대기의 한가운데에 있으므로 가마의 무게는 A와 B로 공평하게 나뉜다. 그런데 막대기가 수평이 아니더라도 중심에서 막대기의 양 끝까지의 거리가 같다면 무게는 정확히 2등분된다. A와 B에서 무게가 변하는 것은 중심이 어느 쪽인가 한쪽으로 치우쳤을 때뿐이다. B점이 A점보다 낮다고 하여 보다 많은 힘이 걸리는 것은 아니다.

물론 이것은 모델화해서 생각했을 때의 일이어서 앞 페이지의 삽화처럼 가마가 막대기로부터 그네식으로 매달려 있는 것이고 동시에 손님의 중심이 중앙에 있다고 한 경우이다. 가마가 4각의 상자형으로 변형되지 않고 손님이 등을 기대어 타고 있거나 하면 답은 어느 쪽이라고도 잘라 말할 수 없게 될 것이다.

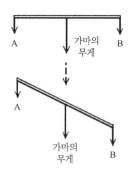

2. 공자의 항아리

문제 공자가 나무로 만든 항아리 1개를 갖고 있었다. 이 항아리는 매우 불안정하여 속이 빈 채로 세우려 해도 넘어져 버린다. 그런데 여기에 알맞게 물을 넣으면 반듯하게 서고 거듭 물을 항아리 주둥이까지 가득 채우면 항아리는 다시 넘어진다고 한다. 이 항아리를 가지고 공자는 제자들에게 중용지도(中庸之道)를 가르쳤다고 한다. 물을 지식에 비유해서 지식이 전혀 없는 인간은 어리석다. 그런데 반대로 너무나도 잡박(雜駁)한 지식을 지나치게 채우면 "재주꾼이 재주로 넘어진다"여서 오히려 불행한 결과를 초래한다는 이야기일 것이다. 그런데 이 항아리는 어떠한 구조로 되어 있는 것일까?

비대칭으로 도려냈을 것으로 생각된다.

　문제를 정리하면 이 항아리는 "물을 넣으면 중심(重心)이 이동하는 항아리"로서 항아리가 넘어지는가 넘어지지 않는가는 항아리와 마루가 접하고 있는 면 위에 중심이 오는가 오지 않는가에 따른다. 그래서 생각할 수 있는 하나의 경우는 그림과 같은 기구(機構)이다. 속이 비었을 때는 중심이 한쪽으로 치우쳐 있다. 적당히 물을 넣었을 때 중심은 한가운데로 온다. 그런데 물을 가득히 채우면 물은 나무보다 무거우므로 다시 중심은 한쪽으로 치우쳐 항아리는 구른다.

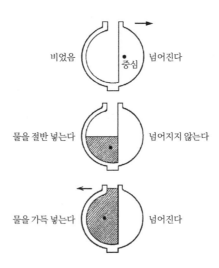

3. 사람을 베는 것이 사무라이(무사)라면

문제 텔레비전이나 영화를 보고 있으면 솜씨 있는 무사는 상대방을 쓱쓱 매우 간단히 베어 죽인다.

그러나 실제로 이처럼 칼로 상대방을 쓰러뜨리기 위해서는 그에 상응하는 요령이 필요하다.

옛날 중국에서 사용된 청룡도(靑龍刀)라면 그 무게를 이용해서 상대방을 내려치는 것만으로 족하다. 그러나 일본도(日本刀)의 경우에는 상대방의 몸에 닿으면 반드시 당기거나 밀거나 하지 않으면 안 된다. 이처럼 칼을 당기거나 밀거나 하였을 때는 단순히 내려치는 경우와 비교해서 어떠한 이점이 있을까?

밀거나 당기거나 하면 그만큼 날카로운 칼날로 칼질하는 것이 된다.

그림에서 보는 것처럼 칼을 단순히 내려치는 것만이라면 단면 ABC로 칼질하는 것이 된다. 그런데 칼을 당기면서 베면 비낌의 A′BC′ 단면이 몸에 파고드는 것이 된다. B에서의 각도를 비교해 보면 비낌의 경우 쪽이 훨씬 날카롭다. 같은 힘이라면 날카로운 쪽이 잘 꽂히는 것은 당연하다. 인간의 근육은 상당히 단단하다. 칼날을 위로부터 밀어붙인 정도로는 좀처럼 깊이 파고들지 않는다. 그런데 피부에 칼날을 대고 칼날과 평행의 방향으로 당기면 쉽게 잘려 버린다. 면도칼로 수염을 깎을 때 무심코 칼날의 방향으로 당겨서 피부에 상처를 입은 경험은 남자라면 누구나가 갖고 있을 것이다.

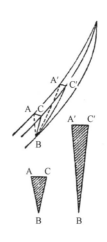

4. 용수철도 사용 방법에 따라서는

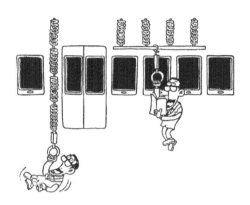

> **문제** 위의 그림 오른쪽처럼 완전히 같은 4개의 용수철이 1개의 막대기를 지탱하고 있다. 다만 막대기의 무게는 무시할 수 있을 만큼

가볍다. 이 막대기에 추를 매달았더니 용수철이 늘어나서 1cm 내려갔다. 다음으로 이 4개의 용수철을 왼쪽 그림처럼 세로로 1열로 연결하였다. 이 밑에 앞의 것과 같은 추를 매달면 용수철의 끝은 몇 cm 내려갈까. 세 가지의 보기가 제출되었는데 어느 것이 옳은가?

① 같은 추이므로 마찬가지로 1cm 내려간다.

② 4개가 각각 1cm씩 늘어나 전부 합쳐서 4cm 내려간다.

③ 전부 합쳐서 16cm 내려간다.

③이 옳다.

앞 페이지 오른쪽의 그림에서는 4개의 용수철이 협력해서 추를 지탱하고 있다. 1개당 추의 무게의 4분의 1밖에 부담하고 있지 않다.

그런데 용수철을 똑바로 연결하면 어느 용수철에도 추의 무게가 전부 걸린다. 예컨대 밑에서 두 번째의 용수철에 착안해 보자. 그 위에도 아래에도 용수철이 연결되어 있으나 그것들은 힘을 전달하는 역할밖에는 하지 않는다. 결코 두 번째의 용수철에 걸리는 힘의 몇 분의 1인가를 돕고 있는 것은 아니다. 이는 마찬가지로 나머지 3개의 용수철에도 성립한다.

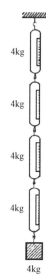

그래서 오른쪽 그림처럼 용수철저울 4개로 4kg의 물건을 지탱하면(다만 저울의 무게는 매우 가볍다 하자) 어느 저울의 바늘도 4kg을 가리키게 된다. 지금의 경우 1개의 용수철에 처음의 4배의 무게가 걸리면 늘어남도 4배, 즉 1개로 4cm 늘어난다. 4개의 용수철이 4cm씩 늘어나므로 합계 16cm 늘어나게 된다.

5. 저울의 무게를 잰다

| 문제 | 이것은 보통의 저울이고 받침 접시에 물건을 올려놓으면 용수철의 길이가 바뀌고 그 변화량이 바늘에 전달되어 무게를 눈금으로 읽을 수 있도록 되어 있다.

그런데 이 저울 자체의 무게를 알고 싶다. 다른 저울에 이 저울을 올려놓으면 가장 좋겠지만 그 밖에 저울이 없다. 이 저울만을 이용해 이 저울의 무게를 알 수 없을까. 여기서 어떤 지혜로운 사람이 말했다. "간단하다. 저울을 뒤엎어서 책상 위에 놓으면 된다. 그때 바늘이 가리키는 눈금이 저울 자체의 무게가 된다." 정말 이것으로 되는 것일까?

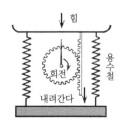

해답 5　보통의 저울의 중량은 뒤집어서 놓았을 때의 눈금보다도 상당
히 무거운 것 같다.

　저울의 구조를 간단히 그리면 아래와 같다.

　요컨대 받침 접시와 토대(土台)가 용수철로
연결되어 받침 접시에 물건을 올려놓으면 용수
철은 오그라든다. 용수철의 오그라듦에 따라 바
늘이 회전한다. 용수철을 경계로 하여 받침 접시의 부분(받침 접시와 이에
부속되는 나사 기타)과 토대의 부분으로 나눠서 생각해 보자. 만일 받침
접시 부분의 무게가 제로라면 지혜로운 사람이 말하는 것은 거의 정확하
다고 해도 될 것이다(실제로는 거꾸로 했을 때 용수철 자체의 무게가 용수
철을 어느 정도 오그라뜨리는지 분명하지 않지만). 그런데 보통의 저울에
서는 받침 접시가 상당히 무겁다. 그 증거로 저울을 옆으로 눕혀 보면 용
수철은 받침 접시의 무게로부터 해방되어 바늘은 강하게 마이너스의 방
향(반시계방향)으로 움직인다.

　가령 저울 전체의 무게를 2kg, 받침 접시의 부분을 500g이라 하자. 바
늘은 500g의 무게가 걸려 있을 때 제로를 가리키도록 만들어져 있다. 뒤
엎으면 용수철에 걸리는 무게는 1,500g. 따라서 바늘은 1kg을 가리킨다.

6. 지레와 보트

문제 "나에게 길고 긴 막대기와 지구 밖에 지렛목을 주시면 지구라도 움직여 보여드리지요"라고 그 옛날 아르키메데스는 시치미를 떼었다고 한다.

막대기의 일부를 어느 점에서 받치고 막대기의 한 끝을 움직인다. 이 때 막대기의 다른 끝은 큰 힘으로 움직인다. 이것이 지레의 원리이다. 받치는 점을 받침점(지렛목), 힘을 걸어서 움직이는 점을 힘점, 물체가 움직이는 점을 작용점이라 한다.

그런데 보트는 지레를 응용하여 전진하는 물체이다. 보트의 노(oar)가 지렛대에 상당한다. 노는 뱃전에 쇠 장식으로 받치고 있는데 이 점을 지레의 받침점이라 생각해도 되는가?

틀렸다.

보트의 경우 받침점은 노가 물에 잠겨 있는 부분이다. 노의 손잡이가 힘점, 뱃전에 받쳐진 부분이 작용점에 해당된다. 힘점을 크게 당김으로써 작용점은 큰 힘으로 움직인다.

문제와 같이 뱃전을 받침점으로 생각하면 "노는 물을 보트의 뒤쪽으로 움직이는 도구이다"라는 것이 돼버린다. 받침점, 힘점, 작용점이라는 말의 의미를 애매하게 한 채로 막대기의 중간 정도에 받침점이 있는 일반적인 그림만을 상상하면 그러한 오류를 범한다.

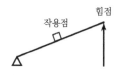

7. 두 개의 천칭

> **문제** 그림처럼 높이가 다른 받침대에 2개의 천칭이 놓여 있다. 위쪽 천칭의 왼쪽 접시에서 실을 늘어뜨려 10g의 추를 매단다. 추는

정확히 아래쪽 천칭의 오른쪽 접시에 얹히도록 되어 있다. 천칭의 <u>가로대</u>를 어느 쪽도 수평으로 하기 위해서는 위쪽 천칭의 오른쪽 접시 B와 아래쪽 천칭의 왼쪽 접시 A에 각각 몇 g의 저울추를 올려놓으면 되는가.

①A에도 B에도 10g.

②A와 B를 합쳐서 10g이 되면 어떠한 조합도 괜찮다.

③A와 B를 합쳐서 20g이 되면 어떠한 조합도 괜찮다.

②가 옳다.

10g의 추가 그 무게를 위쪽 천칭과 아래쪽 천칭에 어떻게 나누는가는 자동적으로 조절된다. 결국 10g의 추를 위쪽과 아래쪽에서 지탱하기 위해서는 위에서 끌어당기는 힘과 아래로부터 밀어 올리는 힘이 언제라도 더해서 10g이 되면 괜찮은 것이다. 가령 B에 10g을 올려놓아 버리면 실의 장력은 10g이 되고 추는 아래쪽 접시와 접촉하고 있다고는 하지만 추와 접시 사이에 힘의 주고받음이 없다. 이때 거듭 무심코 A에 저울추를 올려놓으면 추는 접시로부터 밀어 올려지는 형태가 돼서 A도 B도 내려가 버릴 것이다.

A에 10g, B가 비었다면 역시 천칭은 균형이 잡혀 실은 유휴 상태가 돼 버릴 것이다. B가 8g, A가 2g이라면 실에는 8g의 장력이 작용하여 추는 실로 8g 몫만큼 당겨 올려지고 아래쪽 접시로부터는 2g 몫만큼 밀어 올려진다. 이것이 추 자체의 무게 10g과 균형이 잡히게 된다. 합계하여 10g이라면 어떠한 조합이라도 괜찮다.

8. 피라냐가 있는 강

<table>
<tr><td>문제</td><td>남아메리카 오지를 지나던 탐험대가 모질고 사나운 원시인에</td></tr>
</table>

남아메리카 오지를 지나던 탐험대가 모질고 사나운 원시인에게 쫓기고 있었다. 지금도 있는지 없는지는 모르지만 소년만화에 흔히 있는 그림이다. 중과부적이라 도망치는 것이 상책이라 생각하여 탐험대 일행은 돌멩이 투성이의 강 모래밭을 넘어지고 뒹굴며 달리다가 우연히 한 척의 배를 발견하였다.

그런데 그 배에는 장대도 노도 달려 있지 않았다. 물론 돛대도 없다. 강에는 피라냐(Piranha)가 살고 있어 무심코 손을 넣는다면 뼈만 남을 것이다. 어떻게 해서든지 이 배를 이용하여 젖지 않고 맞은편 기슭으로 건너가서 목숨을 건지고 싶은데 어떻게 하면 되는가?

해답 8 | 돌을 배에 싣고 모두가 힘껏 뒤쪽으로 던진다.

다행히 강의 모래밭에 돌이 많이 있으므로 이것을 배에 싣는다. 본인들도 배에 타서 이 돌을 모두가 전력을 다하여 뒤로 던진다. 반작용으로 배는 전진한다. 돌을 던질 때의 발의 앙버팀이 배의 전진력이 되는 셈이다. 다만 돌을 배 안에 던져서는 안 된다. 힘이 상쇄돼 버린다. 로켓이 진행하는 것도 다름 아닌 기체분자를 뒤로 던지기 때문에 생기는 반작용이다.

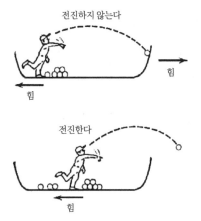

9. 부러진 시소

문제 언제나 사이가 좋은 철수와 영희가 시소를 타고 있다. 두 사람의 몸무게가 사실상 같기 때문에 시소는 수평이 된 채로 멈춰 있다고 하자. 그런데 영희 쪽의 나무가 썩어 있었기 때문인지 도중에서 꺾이고 구부러져 널판은 '<' 모양이 되었다. 그대로 조용히 올라타고 있다면 두 사람의 지면으로부터의 높이는 어떻게 되는가.

① 두 사람은 같은 높이에 있다.

② 철수 쪽이 높아진다.

③ 영희 쪽이 높아진다.

③처럼 된다.

　물체를 회전시키려고 하는 능력은 힘이 큰 것만으로는 안 된다. 회전의 중심에서 힘의 화살표방향으로 그은 수선의 길이가 긴 것도 필요하다. 힘과 이 길이를 서로 곱한 것을 힘의 모멘트(Moment)라 하고 물체는 이 모멘트에 의해서 축의 주위를 돌려고 한다. 시소가 수평일 때는 철수는 시계방향, 영희는 그것과 반대로 회전하려 하고 있지만 양쪽의 모멘트는 같은 크기이다. 부러져서 '<' 모양으로 되었을 때에도 결국 축에서 철수까지의 수평거리와 영희까지의 수평거리가 같아진 아래 그림과 같은 위치에서 멈출 것이다. 그래서 영희 쪽이 높아져서 멈춘다.

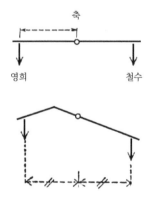

문제

이번 이야기에는 몸무게가 같은 철수와 민수가 등장한다. 그림처럼 도르래에 밧줄이 걸려 있어 그쪽에는 민수가 매달려 있고, 다른 쪽에는 줄사다리가 있어 이것에는 철수가 매달려 있다. 무엇 때문인지는 모르지만 색다른 것이 있으면 만져보고 싶은 것이 인지상정이다.

여기서 지금 철수가 손발을 움직여서 줄사다리를 올라가기 시작했다. 하지만 민수는 아무것도 하지 않은 채 그대로 매달려 있다. 이윽고 철수는 줄사다리의 길이로 치면 10m를 올라간 셈이었는데, 과연 철수와 민수의 높이는 얼마만큼 달라졌을까?

양쪽 모두 같은 높이에 있다.

아래의 그림을 보자. 마찰이 없는 2개의 수레가 수평면상에 있고 한쪽에는 50kg의 물체가, 다른 쪽에는 50kg의 인간이 타서 물체를 실은 수레에 연결된 밧줄을 인간이 쥐고 있다. 물체를 적재한 수레는 왼쪽으로, 인간이 탄 수레는 오른쪽으로 50kg으로 당겨지고 있다. 이때 인간이 밧줄을 끌어당기면 어떻게 되는가.

인간과 물체와 이 그림의 경우에는 2개의 추도 포함해서 하나의 역학적인 체계라 한다. 인간이 밧줄을 당긴다고 하는 것은 체계 내부의 사항이지 결코 체계 밖으로부터 힘이 가해진 것은 아니다. 밖으로부터 힘이 가해지지 않으면 그 체계의 중심(重心)은 바뀌지 않는다. 중심은 항상 물체와 인간의 중앙에 있다. 물체가 1m 오른쪽으로 다가가면 인간은 1m 왼쪽으로 다가설 것이다.

줄사다리의 경우도 전적으로 같은 것이 된다. 민수가 아래 그림의 물체에 해당하고 철수가 자신은 10m만 사다리를 올라갔다고 생각할 때 사실은 철수도 민수도 5m씩 올라가 있는 것이다.

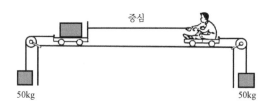

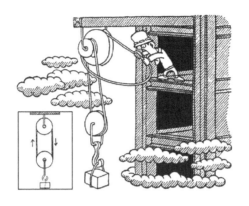

<table>
<tr><td>문제</td><td>위의 그림 왼쪽 아래와 같은 경우 고리모양으로 된 밧줄을 아무리 당겨도 도르래만 돌 뿐이고 아래의 추는 움직이지 않는다는</td></tr>
</table>

위의 그림 왼쪽 아래와 같은 경우 고리모양으로 된 밧줄을 아무리 당겨도 도르래만 돌 뿐이고 아래의 추는 움직이지 않는다는 것은 누가 보아도 분명하다. 고리모양의 밧줄이 빙글빙글 돌고 있는 것에 불과하다.

그래서 위의 그림처럼 크고 작은 2개의 원판을 붙여서 고정 도르래를 만들고 밧줄을 염주걸이로 하여 큰 원판에 걸린 쪽의 밧줄을 쭉쭉 당겨 보았다. 과연 추는 올라갈 것인가. 다만 도르래가 돌지 않고 밧줄만 미끄러지는 등의 일은 결코 없는 것으로 한다. 또 도르래의 무게도 무시하자.

해답 11 추는 올라간다.

추를 들어 올리는 것은 뒤로 미루고 힘(정확히 말하면 힘의 모멘트)의 균형을 생각하자. 간단히 하기 위하여 추를 40kg, 위에 있는 고정 도르래의 반지름을 50cm와 1m라 하자. 아래의 움직도르래의 부분에 주목하면 40kg의 추를 두 가닥의 밧줄이 지탱하고 있으므로 양쪽의 밧줄에 걸리는 장력은 어느 쪽도 20kg이다. 그러면 고정 도르래의 균형은 어떠한가. 도르래를 돌리는 능력이란 힘과 원판의 반지름을 곱한 힘의 모멘트이다. 반시계방향에는 20 × 1 = 20의 모멘트가 작용하고 있다. 시계방향에는 20 × 0.5 = 10 (0.5는 50cm를 m로 고친 것)이므로 나머지 10만큼 부족하다. 결국 인간이 10kg의 힘으로 아래로 당기면 시계방향과 반시계방향이 균형을 이룬다. 이 사람은 10kg의 힘으로 40kg의 추를 지탱하고 있을 수 있다. 사람의 손에서 아래로 늘어지고 다시 고정 도르래의 작은 원에 이르는 부분에는 장력이 작용하고 있지 않다. 즉 이 부분의 밧줄은 놀고 있다. 이 사람이 10kg 이상의 힘으로 밧줄을 당기면 추는 올라간다. 그와 더불어 밧줄의 유휴 부분이 증가한다. 고정 도르래의 반지름이 복잡할 때 일반식을 적으면 아래와 같다.

(사람이 지탱하는 힘)

= (추 무게의 절반) × $\dfrac{(큰\ 원의\ 반지름) - (작은\ 원의\ 반지름)}{(큰\ 원의\ 반지름)}$

문제

빌딩의 창틀을 칠하는 페인트공이 그림과 같은 곤돌라에 타고 있다. 당사자는 휘파람이라도 불고 있겠지만 밑에서 보고 있으면 아슬아슬한 작업이다. 곤돌라의 밧줄은 옥상에 있는 도르래에 걸고 페인트공은 밧줄의 다른 한끝을 꽉 쥐고 있다. 밧줄을 놓으면 그는 곤돌라와 함께 낙하하여 지상에 격돌해서 끝난다는 것은 확실히 뻔한 일이다. 그런데 곤돌라의 무게는 매우 가볍다 하고 페인트공의 몸무게는 60kg이다. 자기가 타고 있는 곤돌라를 지탱하기 위해서는 그는 몇 kg의 힘으로 밧줄을 당기고 있어야 하는가.

30kg

페인트공의 신체는 요컨대 도르래의 우측과 좌측의 두 가닥의 밧줄에 의해서 지탱되고 있는 것이 된다. 이 밧줄의 장력은 어느 쪽도 같아야 할 것이다. 따라서 밧줄에는 30kg씩의 장력이 작용하여 페인트공은 30kg의 힘으로 밧줄을 당기고 있으면 떨어지지 않는다.

또는 다음과 같이 생각해도 된다. 페인트공은 자기의 몸무게 중 30kg을 곤돌라의 바닥에 걸고 나머지 30kg을 한쪽의 밧줄에 맡기고 있다. 페인트공이 30kg 이상의 힘으로 밧줄을 당기면 그는 곤돌라와 함께 위로 올라갈 것이다.

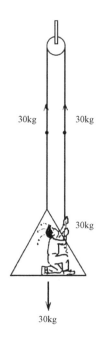

다만 그가 밧줄을 1m 당겨도 자기 자신은 50cm밖에 오를 수 없다. 따라서 몸무게의 절반의 힘으로 된다고 하여도 작업은 결코 이득을 보고 있는 것은 아니다. 물론 지치면 손에 쥐고 있는 밧줄을 곤돌라에 묶어 두면 된다.

13. 다시 곤돌라에 타고

문제 다시 곤돌라와 페인트공의 문제이다.

이번에는 옥상에 있는 도르래를 통해서 내려온 밧줄을 곤돌라에 고정되어 있는 도르래를 통해서 당기고 있다. 페인트공의 몸무게는 60kg이고 곤돌라와 이에 붙어 있는 도르래는 매우 가볍다. 앞의 경우와 달리 이번에 페인트공은 밧줄을 당겨 올리고 있는 것이므로 자신의 발은 강하게 곤돌라를 아래로 밀어 붙이고 있는 것이 된다.

그런데 곤돌라가 멈추고 있을 때 페인트공의 발밑에 저울을 넣었다면 몇 kg을 가리킬까?

90kg

곤돌라 속에 도르래가 있는지 없는지가 문제를
본질적으로 바꾸는 것은 아니다. 다만 당기는 밧줄
의 방향을 바꿀 뿐이다. 따라서 앞의 문제와 마찬가
지로 페인트공의 손에 걸리는 힘은 30kg이라 생각
해도 된다. 그러나 또 이번의 경우는 곤돌라를 직
접 매다는 밧줄과 곤돌라의 도르래에 걸려 있는 두
가닥의 밧줄까지 총 세 가닥으로 페인트공을 지탱
하고 있는 것이 된다. 페인트공은 자신의 몸무게
60kg과 밧줄을 당겨 올리고 있는 것의 반작용과의
양쪽 힘으로 곤돌라의 마루를 아래로 밀고 있다.

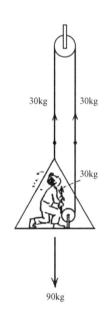

그 때문에 위를 향한 힘과 아래를 향한 힘이 같다고 두고 (밧줄의 장력의
3배) = 60kg + (밧줄의 장력)이라는 방정식이 완성되어 결국 밧줄의 장력
은 30kg이 된다. 따라서 저울은 90kg을 가리킨다. 페인트공이 30kg 이상
의 힘으로 밧줄을 당겨 올리면 곤돌라는 상승한다. 이 경우도 페인트공이
밧줄을 1m 당기면 그 사람의 몸은 곤돌라와 함께 50cm 올라간다.

<table>
<tr><td>문제</td></tr>
</table>

천장에서 두 가닥의 실이 늘어져 있고 이 실에 같은 무게의 무거운 쇳덩어리가 각각 매달려 있었으며 쇳덩어리 밑으로 같은 실이 늘어져 있다.

평소부터 두 사람의 성격을 잘 알고 있는 아버지는 생각한 바가 있어 철수와 민수 형제에게 실의 아래 끝을 쥐고 당기도록 하였다. 그런데 철수가 당긴 실은 추의 밑에서 끊어지고 민수가 당긴 실은 추의 위에서 끊어져 버렸다. 도대체 철수와 민수는 어떠한 방법으로 당긴 것일까?

물론 실은 전부 균질하고 특별히 끊어지기 쉬운 부분은 없었다.

해답 14 철수는 "얏" 하고 소리 지를 만큼 급격히 끈을 당겼고 민수는 조용히 실을 당겼다.

일반적으로 무거운 것은 관성도 크다. 알기 쉽게 말하면 지구상에서 보다 강력하게 아래로 당겨지는 것일수록(즉 무거울수록) 동시에 힘을 받아도 움직이지 않으려고 하는 성질이 강하다.

실을 급격히 당기면 급격한 변화에 대항하여 쇳덩어리가 여전히 공간에 머무르려고 하고 있기(관성) 때문에 실은 쇳덩어리의 아랫부분에서 끊어진다. 그런데 실을 조용히 당기면 쇳덩어리의 아랫부분에서는 사람이 당기는 힘이, 윗부분에서는 사람이 당기는 힘과 쇳덩어리의 무게(중력)가 걸린다. 그러면 당연히 윗부분이 끊어지게 된다. 질량이라는 것을 관성으로서 이용하는가, 중력으로서 유용하게 쓰는가에 따라 실을 희망하는 장소에서 자를 수 있다.

아마 성질이 급한 철수는 "얏" 하고 소리 지를 만큼 실을 당기고 차분한 민수는 조심조심 실을 당겼을 것이다.

정역학이란

힘이나 운동, 나아가서는 유체나 변형물체의 물리학까지를 총칭하여 역학이라 한다. 역학은 물리학 중에서도 가장 폭넓은 분야이고 이것이 또 여러 가지 부문으로 나뉜다. 여기서는 정지(靜止)하고 있는 것(정역학)과 움직이고 있는 것(동역학)으로 나눠 〈문제 1〉부터 〈문제 14〉까지로 정역학을 정리하였다.

칼로 베는 「사람을 베는 것이 사무라이(무사)라면」은 움직임이 있는 것 같지만 오히려 기하학의 문제에 가깝다. 「지레와 보트」는 보트는 움직여서 가지만 원래 이것은 정역학으로서 이해되는 것이다. 「피라냐가 있는 강」은 돌을 던져서 배를 움직여서 가지만 이것은 작용-반작용의 문제이고 정역학 안에 들어간다.

물체가 멈춰 있기 위해서는 힘이 전혀 작용하지 않든가, 작용해도 모든 힘이 상쇄되어 균형을 이루고 있든가 해야지 어느 쪽도 아니면 안 된다. 정역학의 문제는 힘의 균형으로 제출되는 일이 많다.

힘의 계산

도르래 등의 문제는 도르래를 아래로 당기는 힘(대부분의 경우는 추의 무게)과 도르래를 위로 당기는 힘(밧줄의 장력. 밧줄이 두 가닥이면 두 가닥의 장력을 합친 것)이 같다고 생각하면 균형을 이루는 힘의 크기를 구할 수 있는 일이 많다. 번거로운 것은 비낌의 힘이다. 오른쪽 위의 방향에 힘이 작용하고 있을 때 같은 크기의 힘이 왼쪽 아래로 향해서 작용하면 균형을 이룬다. 그러나 힘이 3개 이상이 되면 복잡해진다. 이러한 문제를 올바르게 풀기 위해서는 비낌의 힘을 수평방향과 상하의 방향으로 분해해서 생각하는 것이 일반적이다. 그때에는 비낌의 각도가 문제가 된다. 그리고 삼각함수라는 까다로운 것을 사용하지 않으면 안 된다.

목매닮의 역학

삼각함수가 문학 속에 사용됐다는 이야기는 별로 들은 일이 없으나 나쓰메 소세키의 작품 속에 하나 있다. 『나는 고양이로소이다』 속에서 이학사(理學士) 미즈시마 칸게츠 군이 연설의 리허설을 한다. 목매닮의 역학이라 제목을 붙인 이 연설은 힘의 균형을 수학을 사용해서 언급하였기 때문에 코사인(cosine) 등이라는 말이 나온다. 아마 나쓰메 소세키 씨는 제자인 데라다 도라히코 씨로부터 들은 것이 아닌가라고 생각되는데 이야기의 내막은 이렇다.

한가한 사람 메이테이가 고양이의 주인 쿠샤미 선생 댁을 방문하여 여느 때와 같이 잡담을 하고 있다. 거기에 젊은 이학사 미즈시마 칸게츠 군이 그날 이학(理學)협회에서 연설을 한다 하여 그 학습을 겸해서 찾아온다. 테마는 목매닮의 역학이라 하고 메이테이의 말을 빌리면 탈속초범(脫俗超凡)한 연제여서 반드시 경청할 만하다고 한다. 강연은 교수형의 역사부터 시작되고 있는데 역학에 관계되는 부분을 발췌해 보자(이 책은 문학책이 아니므로 현대어로 고쳤다).

칸게츠 군의 연설

"정말 처형으로 교살을 사용한 것은 나의 조사 결과에 따르면 오디세이의 22권에 나와 있습니다. 즉 그의 텔레마코스가 페넬로페의 12명의 시녀를 교살한다는 대목입니다."

여기서 12명을 동시에 교살한다는 것을 암시하고 있다. 그런데 이에 이어서

"이 교살을 지금부터 상상해 보면 이를 집행하는 데 두 가지의 방법이 있습니다. 첫째는 그 텔레마코스가 유미어스 및 피리셔스의 도움을 얻어 새끼줄의 한끝을 기둥에 동여맵니다. 그리고 그 새끼줄의 곳곳에 매듭을 구멍으로 만들어 이 구멍에 머리를 하나씩 넣고 한쪽의 끝을 확 잡아당겨서 매달아 올린 것으로 보는 것입니다."

"결국 서양 세탁소에 있는 셔츠처럼 매달렸다고 보면 되겠군."

"그대로입니다. 그리고 두 번째는 새끼줄의 한끝을 앞에서와 같이 기둥에 동여매고 다른 한끝도 처음부터 천장에 높이 매다는 것입니다. 그리고 그 높은 곳에 있는 새끼줄로부터 몇 가닥의 별도의 새끼줄을 내려뜨려서 그것에 매듭의 고리로 된 것을 붙여서 목을 넣어 두고 여차할 때 발판을 제거한다는 것입니다"

"비유해서 말하면 선술집 앞에 초롱불을 매단 것 같은 풍경이라고 생각하면 되겠군."

"초롱불을 본 일이 없어 무어라 말씀드릴 수 없습니다마는 만일 있다고 하면 그 언저리가 아닌가 싶습니다.―그래서 이제부터 역학적으로 첫째의 경우는 도저히 성립되는 것이 아니라는 것을 증거로 보여 드립니다."

"재미있군."이라고 메이테이가 말하였더니 "응, 재미있어."라고 주인도 맞장구친다.

"먼저 같은 거리로 매달 수 있다고 가정합니다. 또 가장 지면에 가까운 두 사람의 목과 목을 연결하고 있는 새끼줄은 수평이라고 가정합니다. 그래서 α_1, α_2, $\cdots$ α_6를 새끼줄이 지평선과 이루는 각도라 하고 T_1, T_2, $\cdots$ T_6를 새끼줄의 각 부분이 받는 힘이라 간주하며, $T_7 = X$는 새끼줄의 가장 낮은 부분이 받는 힘이라 합시다. W는 물론 몸무게입니다. 어떻습니까. 아시겠습니까."

메이테이와 주인은 얼굴을 마주 보고 "대충 알았다"라고 말한다. 다만 이 대충이라는 정도는 두 사람이 제멋대로 만든 것이니까 다른 사람의 경우에는 응용할 수 없을지도 모른다.

"그런데 알고 계시는 다각형에 관한 평균성 이론에 따르면 아래와 같이 12개의 방정식이 성립합니다. $T_1\cos\alpha_1 = T_2\cos\alpha_2$ $\cdots$ (1) $T_2\cos\alpha_2 = T_3\cos\alpha_3$ (2)"

"방정식은 그 정도로 충분하겠지"라고 주인은 터무니없는 것을 말한다.

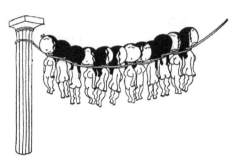

그림 1 ㅣ 서양 세탁소식 목매닮

"사실은 이 식이 연설의 주요 부분입니다마는"이라고 칸게츠 군은 매우 아쉬운 듯이 보인다.

"그렇다면 주요 부분만은 나중에 듣기로 하지"라고 메이테이도 약간 죄송스러워 하는 태도를 보인다.

"이 식을 생략해 버리면 모처럼의 역학적 연구가 전혀 못 쓰게 됩니다마는…."

"뭐 그러한 사양은 필요 없으니까 거침없이 생략하는 거야."라고 주인은 태연하게 말한다.

"그러면 분부에 따라서 무리지만 생략하지요.", "그것이 좋겠지."라고 메이테이가 묘한 부분에서 손을 짝짝 두들긴다.

강연의 주지(主旨)

칸게츠 군의 강연도 그림을 보면서 듣고 있으면 알기 쉽다. 두 가지의 교수형 중 최초의 서양 세탁소식과 나중의 초롱불식을 이야기대로 그려 보면 이렇게 되는 것 같다. 12명의 시녀를 한꺼번에 졸라매는 것이므로 아마 무시무시한 장면일 것이라고 생각되지만 강연의 주지는 서양 세탁소식은 도저히 성립되지 않는 것 같다. 무엇이 성립하지 않는지 나쓰메 소세키의 문장만으로는 약간 애매하지만 밧줄의 한끝을 확 당길 수 있는

그림 2 ㅣ 초롱불식 목매닮

지 어떤지를 생각해 보자. 그를 위해서는 쿠사미 선생 때문에 이야기의 맥이 끊긴 12개의 방정식이라는 것이 아무래도 필요해진다.

칸게츠 군의 방정식

가장 낮은 부분의 새끼줄은 수평이고 여자의 몸무게는 모두 같아 W라 하고 있으므로 〈그림 3〉처럼 왼쪽의 6명과 오른쪽의 6명은 완전히 대칭이 될 것이다. 여자와 여자 사이의 새끼줄이 수평과 이루는 각을 α_1, α_2, …, α_6라 하고 있다. α_1이 가장 크고 α_6가 가장 작다. 새끼줄의 장력은 좌우 모두 위로부터 T_1, T_2, …, T_6인데 중앙의 수평 부분을 T_7이라 하여 이것을 특별히 X라 두고 있다.

그런데 목을 졸라매인 이는 정지(靜止)하고 있다. 결국 사람에게 작용하는 힘은 왼쪽과 오른쪽에서, 거듭 위와 아래가 균형을 이루고 있다. 예컨대 그림처럼 두 번째의 사람에 대해서는 수평좌로 $T_2\cos\alpha_2$, 수평우로 $T_3\cos\alpha_3$, 위로 $T_2\sin\alpha_2$, 아래로 $T_3\sin\alpha_3 + W$이다. 1명에 대해서 2개의 등식이 성립하므로 6명으로는(오른쪽 절반은 왼쪽 절반과 완전히 같으므로 왼쪽 절반만을 생각하면 된다) 식은 12개가 있다. 아마 이것이 12개의 방정식일 것이다. 전부 적어 보면

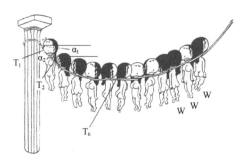

그림 3 | 칸게츠 군의 계산

$T_1\cos\alpha_1 = T_2\cos\alpha_2$ ·············· (1)

$T_2\cos\alpha_2 = T_3\cos\alpha_3$ ············ (2)

$T_3\cos\alpha_3 = T_4\cos\alpha_4$ ············ (3)

$T_4\cos\alpha_4 = T_5\cos\alpha_5$ ············ (4)

$T_5\cos\alpha_5 = T_6\cos\alpha_6$ ············ (5)

$T_6\cos\alpha_6 = X$ ·················· (6)

$T_1\sin\alpha_1 = T_2\sin\alpha_2 + W$ ········ (7)

$T_2\sin\alpha_2 = T_3\sin\alpha_3 + W$ ········ (8)

$T_3\sin\alpha_3 = T_4\sin\alpha_4 + W$ ········ (9)

$T_4\sin\alpha_4 = T_5\sin\alpha_5 + W$ ········ (10)

$T_5\sin\alpha_5 = T_6\sin\alpha_6 + W$ ········ (11)

$T_6\sin\alpha_6 = W$ ·················· (12)

처럼 된다.

오른쪽 끝을 확 당길 때의 장력은 왼쪽 끝과 마찬가지로 T_1이다. 그런데 여기 12개의 방정식에서 T_1을 구하는 것은 사실 불가능하다.

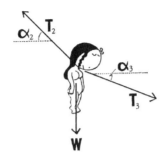

그림4 | 두 번째 여자의 등식

새끼줄을 당기는 데 필요한 힘

일반적으로 미지수의 수와 방정식의 수가 일치하면 모든 미지수를 풀 수 있다. 그런데 여기서는 방정식이 12개인 것에 반해서 미지수는 α가 6, T가 6, 거듭 X가 있어 합계 13이다. 그래서 이것만의 조건으로는 T_1이 결정되지 않는다.

이러한 것은 그림을 보면서 직감적으로 생각해도 이해할 수 있다. 여자의 몸무게를 알고 있어도 새끼줄을 깊게 축 늘어뜨리는가 또는 상당히 수평에 가깝게 당기는가로 T_1이 달라진다.

그래서 α_1을 알고 있다고 하자. 이때에는 간단히 $T_1 = 6W/\sin\alpha_1$이 된다. α_1이 직각일 때(이때에는 α_2도 α_3도 모두 직각이 되어 X는 제로, 결국 새끼줄의 가장 낮은 부분은 유휴상태가 된다) T_1은 가장 작고 W의 6배이다. α_1이 직각이 아니면 장력은 더 크다. 확실히 이러한 것으로부터 새끼줄의 끝을 당긴다는 것 등은 아무래도 미덥지 못하다 할 것 같다. 그러나 이것이 칸게츠 군의 결론인지 아닌지 아무래도 잘 모르겠다. 이학협회에서 발표하는 강연으로서는 약간 지나치게 간단한 것처럼 생각되지만……

이학사 미즈시마 칸게츠 군은 대학원에서 지구의 자기(磁氣) 연구를 하고 있는데 목매닮의 역학 이외에도 「도토리의 안정성(Stability)을 논하고 아울러 천체(天體)의 운행에 미치다」라는 논문을 쓰고 있다. 도토리를 책상 위에 세웠을 때 안정한지 어떤지, 그것이 또 행성이나 지구의 운동과 어떻게 관계가 있는지 잘 모르지만 아무튼 역학의 문제인 것 같다. 이 밖에도 「개구리 눈알의 전동(電動) 작용에 대한 자외선의 영향」이라는 연구를 하고 있다고 한다. 이것은 아마 광학의 문제일 것이다. 그 실험을 하기 위해 아침부터 도시락을 싸들고 대학에 다니고 하루 종일 렌즈를 연마하고 있다. 실험 장치를 만들어 내는 일이 귀찮은 것은 예나 지금이나 다를 바가 없는 것 같다. 메이지에서 다이쇼 시대에 걸친 도라히코 씨의 젊은 시대의 물리학은 현재와 같이 이론물리, 실험물리라는 것처럼 분명하게 나뉘어 있지 않았던 것 같다.

제2장

동역학과 마찰

15. 얄미운 자동차

① 매초 8m의 속력으로 왼쪽으로

② 매초 4m의 속력으로 왼쪽으로

③ 매초 1m의 속력으로 왼쪽으로

> **문제** 멈추고 있는 자동차에 매초 10m의 속력의 공을 부딪치면 공은 그 80%의 속력, 즉 매초 8m로 되튀었다(이럴 때 물리학에서는
되튀김의 계수가 0.8이다라고 한다).

그런데 자동차가 매초 5m의 속력으로 움직이기 시작했다. 그 후부에 마찬가지로 매초 10m의 속력으로 공을 부딪쳤다. 공은 어느 정도의 속력으로 되튀길까.

이에 대해서 위 그림의 ① ② ③과 같은 세 가지의 의견이 나왔는데 어느 것이 옳을까?

③이 옳다

자동차를 중심으로 하여 생각하면 알기 쉽다. 자동차와 함께 눈을 매초 5m의 속력으로 오른쪽으로 옮기면서 계산한다. 이와 같은 보는 방법을 움직이는 좌표계라 한다.

움직이는 좌표계에서는 자동차는 멈춰 있고 공은 매초 5m로 왼쪽으로부터 달려온다. 충돌 후는 매초 4m로 왼쪽으로 달린다. 여기서 움직이는 좌표계를 멈춰 있는 좌표계로 고친다. 그때에는 모든 것에 오른쪽으로 매초 5m의 속력을 더하면 된다.

자동차는 매초 5m, 충돌 전의 공은 매초 10m, 충돌 후의 공은 왼쪽으로 4m와 오른쪽으로 5m를 더해서 결국 공은 오른쪽으로 매초 1m의 속력으로 달린다.

이와 같이 움직이는 것에 충돌하였을 때에는 반드시 충돌 후에 반대방향으로 간다고는 할 수 없다.

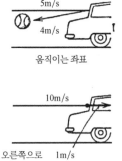

움직이는 좌표

오른쪽으로   1m/s
정지 좌표

| 문제 | 매초 10m의 속력으로 떨어진 공이 절반의 속력, 즉 매초 5m의 속력으로 튀어 올랐다. 만일 공기의 저항이 없는 것이라 가정하 |

면 다시 매초 5m의 속력으로 떨어진다. 다음에는 매초 2.5m로 튀어 오른다. 다음에는 1.25m ⋯라는 것처럼 마루에 떨어질 때마다 속력은 절반이된다. 그런데 생각해 보면 100회 떨어져도 1,000회 떨어져도 앞의 속력의절반으로 되튀기는 것이므로 언제까지나 이 공은 멈출 수 없다. 속력은 작아지지만 제로가 되는 것은 아니다. 이 공은 영구히 움직이고 있는 것인가?

멀지 않아 멈춘다.

공기에 의한 마찰이 없다고 하면 매초 5m로 튀어 오른 것이 다시 낙하할 때까지 소요되는 시간은 대략 1초, 매초 2.5m라면 0.5초…라는 것처럼 체재 시간도 앞의 절반이 된다.

확실히 공이 되튀기는 횟수는 무한으로 많을지도 모른다. 그런데 그 1회, 1회에 소요되는 시간은 계속해서 짧아진다. 공이 움직이고 있는 전 시간은 1초와 0.5초와 0.25초와 …를 전부 합친 것이 된다. 합치는 시간이 무한히 많아도 그 내용의 총합은 반드시 무한으로 많아지지는 않는다. 수학의 말로 표현하면 무한급수가 수렴하는 것이다. 이들 시간을 전부 모아도 기껏해야 2초밖에 되지 않는다.

더 알기 쉬운 예를 들자. 1년째에 1m, 2년째에 50cm, 3년째에 25cm, 4년째에 12.5cm…라는 것처럼 언제나 전년의 절반씩 자라는 나무가 있다고 하자. 백만 년도 천만 년도 지났다면 어떻게 되는가. 다음 해에는 그 해의 나무의 머리와 2m의 중간까지 자라는 것이므로 2m를 넘을 리가 없다. 이것과 마찬가지여서 공도 2초 이상은 움직이지 않는다. 실제로는 마찰 때문에 그렇게 몇만 회나 튀지 않을 것이지만.

17. 전차 안을 걷는 게으름뱅이

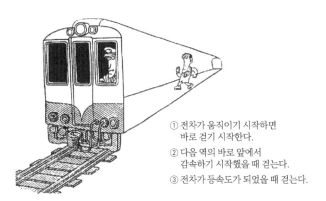

① 전차가 움직이기 시작하면
바로 걷기 시작한다.

② 다음 역의 바로 앞에서
감속하기 시작했을 때 걷는다.

③ 전차가 등속도가 되었을 때 걷는다.

문제

준호 군은 전철로 안양의 명학역에서 서울 종각역의 북쪽 출구에 있는 빌딩에 통근하고 있다. 아침 5시 명학역의 개찰구를 지나서 육교의 계단을 내려가면 언제나 비어 있는 전차의 가장 뒤쪽으로 나온다. 빠듯한 시간에 뛰어드는 준호 군은 언제나 가장 뒤쪽의 문을 통해 전차에 올라타는데 종각역에 도착했을 때에는 가장 앞쪽 문으로 하차하고자 한다. 그래서 당연히 앞을 향해 전차 안을 걸어가게 된다. 하지만 준호 군은 정말로 꼼짝하기를 싫어하는 사람이어서 조금이라도 에너지의 이득을 보려고 생각하고 있다. 위 그림의 세 가지 방법 중 어느 것이 가장 좋을까.

②가 가장 좋다.

전차가 멈춰 있을 때와 같은 속도로 달리고 있을 때는 전차 안을 앞으로 걷든 뒤로 걷든 평지를 걷는 경우와 다를 것이 없다. 그런데 속도가 차츰 증가하거나 감소하거나 하는 동안은 사정이 다르다. 전차의 속도가 증가하고 있을 때에는 전차 안의 물체는 모두 뒤로 당겨지고 있는 것과 같은 결과가 된다. 속도가 느려질 때는 앞으로 넘어질듯이 기울어진다. 출발 직후의 전차는 앞부분이 높고 뒷부분이 낮은 비탈길, 정지할 때는 반대로 뒷부분이 높은 비탈길처럼 생각해도 결과적으로는 변화가 없다. 준호 군은 비탈길을 내려가는 것이 가장 편할 것이다. 또한 덧붙인다면 속도가 커지는 것을 가속, 작아지는 것을 감속이라 하고 가속 또는 감속하고 있는 전차 안에 있는 물체에는 겉보기의 힘이 가해진다. 이것을 달랑베르의 힘이라 하는데 이 힘은 가속 시에는 뒤쪽으로, 감속 시에는 앞쪽으로 작용한다.

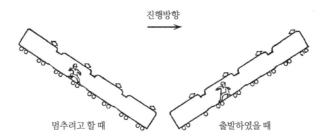

진행방향

멈추려고 할 때　　　　　　　　출발하였을 때

| 문제 |

이 책의 처음에 언급한 것처럼 20g의 새장 속에 2g의 작은 새가 들어가 있다면 새가 날고 있든, 홰에 앉아 있든 새장 전체의 무게는 22g이 된다.

그런데 이상하게도 새장을 올려놓은 저울 바늘의 눈금을 보고 있었더니 아무도 밖에서 힘을 가하지 않았는데도 갑자기 바늘은 22g에서 20g 부근까지 되돌아왔다. 도대체 새장 속에서 무슨 일이 일어났다고 생각하는가?

새장은 완전히 밀폐되어 있으므로 새가 도망간 것이다라는 등의 농담으로 돌려서는 안 된다.

작은 새는 천국에 갔다.

작은 새는 죽었다. 죽어서 물체와 마찬가지로 가속도를 갖고 낙하하기 시작한 것이다.

상자 속의 물체는 어떠한 재주를 부려도 결국 그 무게는 상자에 걸려 버린다는 것을 이 책의 최초에 언급했다. 그러나 이 문제는 유일한 예외이다.

상자를 저울에 올려놓고 거듭 상자 속에 물체를 넣었을 때 그 물체가 떨어지면서 속도를 증가시키고 있을 때 무게는 저울에 달리지 않는다.

조금 더 정확히 말하면 중력의 가속도($980cm/s^2$)로 낙하하고 있는 물체는 쇳덩어리든 작은 새든 그 중량은 어디에도 걸리지 않는 것이다.

다만 그 대신 낙하물체가 바닥에 떨어진 순간에는 큰 힘으로 바닥을 민다. 낙하 중에 가벼워진 올을 한꺼번에 되찾게 된다.

낙하 중에 공기의 저항이 있으므로 실제의 가속은 $980cm/s^2$보다도 다소는 작겠지만 그다지 거대한 상자가 아니면 대단한 것은 아니다.

문제 │ 앞 문제에서 상자 속의 물체가 떨어지고 있을 때는 그 무게가 일시적으로 소실돼 버리는 것을 알았다. 이번에도 마찬가지로 낙하물체를 생각하자. 상자 속에 물엿 같은 점성이 큰 물질이 들어가 있다. 무게를 달아보았더니 상자와 물엿의 무게는 500g이다. 이 안에 문득 흥미가 생겨 100g의 쇳덩어리를 넣어 보았다. 쇳덩어리는 물엿 속을 조용히 가라앉았다. 이때 상자가 저울에 얹혀 있다면 바늘이 가리키는 눈금은 앞 문제와 마찬가지로 생각해서 500g인가, 아니면 600g이 되는가?

600g이 된다.

상자 속의 작은 새가 즉사한 문제와 대조하면서 생각하면 알기 쉽다.

결론부터 말하면 물체가 상자 속에서 가속되고 있으면 무게는 걸리지 않지만 가속이 없으면 무게는 상자에 영향을 미치게 된다. 물엿 속의 쇠공은 확실히 가라앉지만 가속되고 있는 것은 아니다. 왜냐하면 지구상에서는 어떠한 물체라도 진공 속에서는 아래로 가속되지만 저항이 있으면 가속이 감소된다. 특히 물엿처럼 끈끈하여 저항이 큰 것 속에서는 거의 가속되지 않는다. 가속되지 않으면 물체의 무게는 상자에 걸린다.

상자 속에 있는 것은 같은 속도로 위로 올라가든, 아래로 내려가든, 또는 가로로 움직이든 그 무게는 모조리 반드시 상자에 걸린다. 그렇다면 저항이 상당히 있지만 그래도 조금 아래로 가속되고 있을 때는 어떻게 되는가.

이때는 상자에 걸리는 무게가 조금 감소된다. 예컨대 진공 속에서 $980 \mathrm{cm/s^2}$으로 아래쪽으로 가속되어야 할 물체가 공기의 저항으로 $490 \mathrm{cm/s^2}$의 가속밖에 없었다 하자. 이 물체의 진짜 무게를 100g이라 하면 절반인 50g만이 상자에 걸린다. 공기는 50g분만큼 저항해서 가속을 약화시켜 그 반작용이 상자에 영향을 미치고 있는 것이다.

20. 시시도 바이켄, 쿠사리가마를 휘두르다

문제 　이가(伊賀)의 나라(현 일본의 미에 현)의 우에노에 사는 시시도 바이켄은 쿠사리가마(鎖鎌, 옛날 무기의 한 가지. 끝에 쇳덩어리가 달린 긴 쇠사슬이 붙은 낫)의 달인이다. 쇠사슬의 끝에 쇳덩어리를 붙여서 이것을 눈 위로 높이 번쩍 쳐들어 굉장한 힘으로 회전시켜 상대방의 칼을 휘감는다. 그대로 확 앞으로 끌어당겨 상대방의 목을 싹둑 자른다. 끝장이다.

이 바이켄도 쌍칼에는 당황했던 것 같고 미야모토 무사시와의 시합에서 패배한 일은 유명하다.

그런데 위 그림은 어떤 어린이 만화에서 발견한 시시도 바이켄 자세의 그림인데 이 그림은 조금 이상하지 않은가?

해답 20 쇠사슬이 그리는 원뿔이 위로 열리는 일은 없다.

쇳덩어리의 원심력 때문에 쇠사슬은 똑바로 뻗지만 원심력은 어디까지나 원의 바깥쪽으로 향하는 힘이고 중력에 반항해서 위로 올라갈 이유는 없다. 그 때문에 아무리 빨리 돌려도 쇳덩어리는 쇠사슬의 끝(손으로 쇠사슬을 쥐고 있는 부분)을 중심으로 한 원을 그릴 뿐이다. 쇳덩어리의 속도가 떨어지면 중력 때문에 아래로 열린 원뿔이 된다.

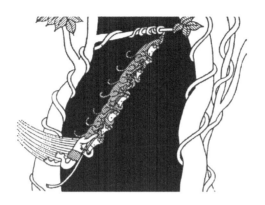

<table>
<tr><td>문제</td><td>밀림의 왕자 타잔이 언제나 이용하는 담쟁이덩굴은 10m이고 이를 잡고 이쪽 나무에서 저쪽 나무로 옮길 때까지 3초 걸린다.</td></tr>
</table>

어느 날 타잔이 여느 때와 같이 담쟁이덩굴을 이용해서 맞은편 나무로 가려고 했더니 치타를 비롯해 열 마리 정도의 원숭이가 담쟁이덩굴에 꼭 매달려 있다. 이때 타잔이 맞은편에 도착할 때까지 소요되는 시간으로 다음의 어느 것이 옳은가?

① 흔들이(담쟁이덩굴)가 무거워져 있으므로 3초보다 더 많이 걸린다.
② 무게에 관계없이 역시 3초다.
③ 3초보다 빨리 도착한다.

③이 옳다.

실의 끝에 추를 매단 흔들이(이것을 단진자라 한다)에
서는 왕복에 소요되는 시간(이것을 주기라 한다)은 추의
무게와 관계가 없다.

빠르다

그러나 형태가 있는 것을 흔든 경우는 간단히 말할 수
없다. 주기는 흔들이의 중심(重心)이나 그것을 지탱하는
위치 등과 관계가 있게 된다. 같은 3각의 널판에서도 위를
받치는 것과 아래를 받치는 것은 주기가 달라질 것이다.

형태가 있는 것의 받침 장소를 바꿨을 때 이것을 단진
자로 고쳐 생각해 보면 꼭 실의 길이가 바뀐 것과 같다.

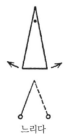

느리다

원숭이가 담쟁이덩굴에 매달렸을 때에는 타잔 한 사
람의 경우에 비해서 중심이 올라갈 것이다. 단진자의 실의 길이가 짧아진
것과 같아진다. 실이 짧은 단진자일수록 주기는 작아진다. 결국 맞은편의
나무에는 종전보다 빨리 도착한다.

22. 실감개의 경주

문제

옛날에는 각 가정에 재양판(載陽板)이라는 것이 있어 주부들은 풀칠한 천을 여기에 붙여서 말렸다. 이 널판은 어린이들에게 절호의 놀이도구다. 툇마루를 이용해서 경사를 만들어 미끄럼대로 하거나 실감개를 굴리거나 하였다.

이 경사면에 중공(中空) 부분이 큰 실감개와 심(芯)까지 막힌 작은 실감개를 같은 높이에 올려놓고 정지(靜止)의 상태에서 손을 놓아 굴려서 경주하면 다음 중 어느 것이 되는가?

① 큰 쪽이 중력이 많이 걸리므로 빨리 도착한다.

② 작은 쪽이 빨리 도착한다.

③ 동시에 도착한다.

②가 된다.

높은 곳에 있는 물체가 똑바르게 지면에 떨어질 때 공기와의 마찰만 고려하지 않으면 그 물체가 크든 작든 동시에 지면에 도착한다. 비탈과 같은 경사를 내려가는 경우에도 마찰을 고려하지 않으면 이 사정은 달라지지 않는다. 그런데 돌면서 내려가는 물체에서는 이야기가 달라진다. 달리면서 차츰 회전속도를 빨리해 주지 않으면 안 된다.

확실히 큰 실감개에는 경사면을 따라서 아래 방향으로 큰 중력이 작용하고 있다. 그러나 큰 실감개는 질량도 크다(즉 움직이기 어렵다). 걸리는 힘이 큰 것은 질량이 큰 것과 상쇄되어 아래로 향하는 기세(정확히 말하면 가속도)는 같아져 버린다.

그러나 실감개에서는 거듭 돌려준다는 것을 고려하지 않으면 안 된다. 중공 부분이 큰 실감개는 질량이 축으로부터 떨어져 있기 때문에 돌리기 어렵다(이러한 것을 관성 모멘트가 크다라고 한다). 이미 중력은 상쇄되어 버렸으므로 나머지는 떨어지는 기세를 꺾어서 돌려주지 않으면 안 된다. 따라서 커서 회전시키기 어려운 실감개 쪽이 꺾이는 기세가 커지기 때문에 낙하속도가 붙기 어려워진다는 것이다.

23. 들고양이, 삼돌이에게 부드러움을 가르치다

문제 고양이를 높은 지붕 위에서 아래로 떨어뜨려도, 위를 향해서 던져도, 또는 회전시키면서 내던져도 조용히 놓아주어도 지상에서는 참 잘 선다. 삼돌이는 이 고양이를 보고 몸이 던져져도 훌쩍 서는 방법을 체득하고 싶다고 한다. 그런데 고양이는 야구공과 달라서 최초의 스핀(Spin)을 어떻게 주든 마지막에는 틀림없이 서 있는다. 이러한 것은 고양이가 낙하 도중에 신체의 회전을 적당히 조절하고 있기 때문임에 틀림없다. 그를 위해서는 역시 공이 커브하는 이유와 마찬가지로 공기의 마찰을 이용하고 있는 것일까?

공기의 마찰을 이용하는 것이 아니고 낙하 도중에 자기 자신의 관성 모멘트를 변화시키고 있다.

회전하고 있는 물체를 지붕에서 떨어뜨렸다고 하자. 물체는 중력 때문에 아래로 향하는 속도가 빨라지지만 회전의 속도는 바뀌지 않는다(실제로는 공기의 마찰 때문에 다소 회전이 둔화되겠으나). 따라서 지붕에서 떨어질 때의 조건만으로 지상에 떨어졌을 때의 모양새가 결정돼 버린다. 그런데 고양이는 물체와 달리 살아 있는 생명체이다. 손, 발, 목 또는 꼬리를 늘이거나 오므리거나 할 수 있다.

같은 질량의 물체라도 회전축으로부터 질량이 멀리 있는 것은 관성 모멘트가 크다 하고 회전축의 가까이에 질량이 뭉쳐 있는 물체는 관성 모멘트가 작다 한다. 관성 모멘트가 큰 것은 회전시키기 어렵다. 한번 회전하기 시작한 것이 회전 도중에 관성 모멘트가 작아지는 일이 있으면(즉 고양이가 손발이나 꼬리를 움츠리면) 회전속도는 커진다. 고양이는 이러한 것을 본능적으로 터득하고 있어 자기의 형태를 바꿔서 회전속도를 조절하여 지상에 잘 선다.

그러나 아무리 고양이라 할지라도 지상에서 던져 올리면 보통의 물체와 마찬가지로 포물선을 그리면서 난다. 자기 힘으로 포물선을 변화시킬 수는 없다.

<table>
<tr><td>문제</td></tr>
</table>

이러한 퍼즐이 있다.

"몸무게 50kg의 사람이 무게 10kg의 쇠공 2개를 갖고 긴 다리를 건너려고 하고 있다. 그런데 이 다리는 60kg의 무게를 지탱하는 것이 고작이고 그것보다 무거운 것이 실리면 부서져 버린다. 어떻게 하면 될까."

그 해답으로 "2개의 쇠공을 공기놀이처럼 교대로 던져 올리면서 건너면 된다. 손안에는 기껏해야 하나의 쇠공밖에 없으므로 끄떡없다"라고 적혀 있다. 정말 끄떡없을까. 10kg의 쇠공으로 공기놀이를 하는 것은 큰일이지만 힘센 사람이라면 할 수 없는 것은 아니다.

다리는 부서진다.

   2개의 쇠공을 가진 채로 건너면 전체 중량은 70kg이 된다. 2개의 쇠공이 공중에 있을 때는 확실히 중량은 50kg이다. 그런데 쇠공을 공중에 던져 올리기 위해서는 큰 힘이 필요하다. 또 떨어지는 것을 받아내기 위해서도 손으로부터 몸을 통해서 큰 힘이 다리에 걸린다. 2개의 쇠공을 교대로 던져 올린다 하여도 그것을 받아내서 거듭 되던질 때 다리에는 매우 큰 중량이 위에서 덮친다. 여기서 순간적으로 던져 올리면 큰 힘이 걸리고 동작을 붙여 천천히 던지면 그다지 크지 않은 힘이 오래 걸린다. 그러나 너무 천천히 하면 먼저 던진 공이 되돌아와 버린다. 다리가 부담 하는 무게는 증가하거나 감소하지만 긴 시간을 <u>평균해</u> 보면 70kg이 된다.

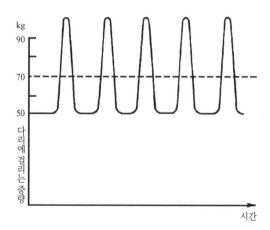

25. 비탈길을 내려가자

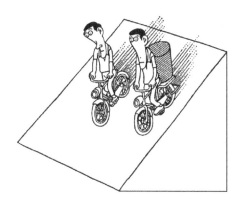

<table>
<tr><td>문제</td></tr>
</table>

지금과는 달라서 자동차가 적은 시절에는 시골의 포장된 비탈길 등은 자전거로서는 천국이었다. 전망이 좋은 비탈길을 브레이크도 걸지 않고 달려 내려가는 스릴은 지금으로서는 도저히 맛볼 수 없다.

아무리 가벼운 자전거라 하여도 평지에서는 페달을 밟지 않으면 전진하지 않는다. 하물며 무거운 짐을 짐받이에 실었을 때는 페달을 밟는 것도 수월하지 않다. 그런데 무거운 짐을 실은 채로 내리막길에 다다랐다. 브레이크를 걸지 않고 단숨에 내려가려고 하는데 짐이 없는 경우와 비교해서 어느 쪽이 빠를까. 공기의 저항은 없다고 하자.

해답 25 | 어느 쪽도 속도는 같다.

　무게는 바로 밑으로 향하지만 이 힘을 경사면을 따라가는 비스듬히 아래쪽을 향하는 힘과 경사면을 직각으로 누르는 힘으로 나눠서 생각해 보자. 자전거의 경우는 미끄럼마찰이 아니고 회전마찰이지만 역시 마찰력은 경사면을 누르는 힘에 비례한다고 해도 된다.

　평지에서는 짐을 실으면 마찰력이 커져 자전거의 페달을 밟기 어려워진다. 비탈길에서는 비스듬히 아래쪽으로의 힘이 마찰력에 이겨 그 차이가 비탈길을 아래쪽으로 진행시키는 힘이 된다. 예컨대 자전거의 무게가 2배가 되면 비스듬히 아래쪽으로의 힘도 마찰력도 함께 2배가 되고 진행하는 힘도 2배가 된다. 힘은 2배가 되지만 자전거의 질량도 2배가 되어 가속도(속도가 빨라지는 비율)는 바뀌지 않는다. 결국 내리막길에서는 무거워도 가벼워도 같은 비율로 빨라진다.

　실제로는 빨라지면 빨라질수록 공기의 저항은 커진다. 공기의 저항이 같다면 가벼운 것일수록 가속이 둔화된다. 이러한 의미에서는 오래 달렸을 경우 최종적으로는 짐을 실은 자전거 쪽이 빨라질 것이다. 또 같은 속도에서 마찬가지로 브레이크를 거는 경우 무거운 자전거일수록 멈추기 어려운 것은 충분히 알아두지 않으면 안 된다.

26. 자동차의 줄다리기

<table>
<tr><td>문제</td><td>승용차와 스포츠카가 줄다리기를 하였다. 무게(운전자 포함)는 승용차 1톤, 스포츠카 600kg으로 승용차가 무겁다. 또 엔진의</td></tr>
</table>

마력은 스포츠카가 100마력, 승용차가 60마력으로 스포츠카 쪽이 힘이 세다. 단독으로 달리면 물론 스포츠카 쪽이 훨씬 빠르다. 그러면 여기서 서로 꽁무니에 밧줄을 매고 반대방향으로 끌어당긴다면 어느 쪽이 이길 것인가. 날렵하고 마력이 센 스포츠카인가, 둔하고 무거운 승용차일까?

승용차가 이긴다.

동력에 연결된 수레바퀴가 지면이나 선로 위를 회전해 가는 것은 수레바퀴와 지면의 마찰을 이용하고 있다. 마찰의 힘은 그 수레바퀴에 걸리는 무게에 마찰계수라는 것을 곱한 것과 같다. 타이어와 지면이 같다면 어느 쪽의 수레도 마찰계수는 같다.

이와 같이 되면 무거운 수레일수록 큰 마찰력을 만들어낼 수 있다. 이러한 의미에서 기관차와 같은 견인차는 무거울수록 좋다. 자동차의 줄다리기에서는 마력이 문제가 되는 것이 아니고 무게가 큰 쪽이 이긴다(정확히 말하면 동력에 연결되어 있는 수레바퀴에 큰 무게가 걸려 있는 쪽이 이긴다). 예컨대 간단히 말하면 콘크리트 바닥 위에서 롤러스케이트를 신은 씨름꾼과 맨발의 누군가가 줄다리기를 했다고 하자. 이때 스케이트를 신은 쪽이 아무리 힘이 센 사람이라도 줄다리기에는 진다. 롤러스케이트는 맨발보다도 훨씬 마찰(정확히 말하면 마찰계수)이 작기 때문이다.

자동차 문제의 경우 마찰계수가 같으므로 무거운 쪽이 마찰이 크다. 이것은 롤러스케이트와 맨발의 마찰계수가 현저하게 다른 예와는 조금 뉘앙스가 다르지만 아무튼 마찰이 큰 쪽이 이긴다는 것은 잘 알 수 있을 것이다.

27. 교도소의 담

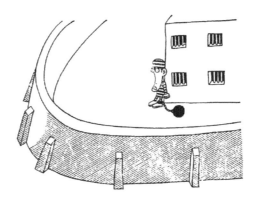

문제 보통 집의 대지의 둘레에 만들어진 담은 만일 대지가 4각이라면 담도 모퉁이 부분에서 직각으로 되어 있다. 모서리가 둥근 담은 어지간히 초현대적인 설계가 아니면 찾아보기 힘들다.

그런데 교도소의 담은 가령 부지가 4각이어도 모퉁이를 만들지 않고 곡선 모양으로 구부러져 있다. 필자가 교도소를 본 바로는 확실히 모서리가 없고 게다가 아주 약간씩(수학적인 말로 표현하면 큰 곡률반지름으로) 구부러져 있다. 그러면 왜 교도소의 담은 둥글게 구부러져 있는 것일까?

죄수가 모서리를 기어올라서 탈옥하지 못하도록 하기 위해서
이다.

   하나의 면과 물체 사이에 마찰이 생기기 위해서는 물체는 많든 적든 그
면을 밀지 않으면 안 된다. 면이나 물체가 아무리 거칠어도 미는 힘이 없
으면 마찰은 일어나지 않는다. 이 때문에 똑바로 깎아지른 듯한 평면의 벽
은 벽에 구멍이라도 뚫지 않는 이상 벽을 오르는 것은 불가능하다.

   그런데 벽에 직각의 모서리가 있으면 숙련된 사람이라면 오를 수 있
다. 오른손 오른발을 한쪽 면에, 왼손 왼발을 이것과 직각의 면에 밀어붙
이면 손이나 발은 결국 벽을 밀어붙이는 것이 되어 마찰의 힘으로 몸을 지
탱할 수 있다. 손과 발을 교대로 움직여 감으로써 벽을 기어오르는 것은
불가능하지는 않다. 이러한 것을 방지하기 위해 교도소의 담은 매우 완만
하게 구부러져 있다. 이것은 역학적으로 분명하게 이치에 맞다.

이 힘 때문에 마찰이 생긴다

손으로 벽을 민다

28. 쌍둥이의 수레바퀴

<table>
<tr><td>문제</td></tr>
</table>

위의 그림은 약간 특이한 수레바퀴를 그린 것이다. 작은 수레바퀴의 지름이 1m, 큰 쪽의 지름이 2m이고, 이 2개의 수레바퀴는 완전히 붙어 있다. 지금 50cm의 높이를 엇갈리게 하여 2개의 선로를 깔고 작은 수레바퀴가 위의 선로를, 큰 수레바퀴가 아래의 선로를 구르도록 하였다. 작은 수레바퀴가 1회전하면 3.14m 전진하고 큰 수레바퀴는 1회전하면 6.28m 전진하는 것은 원주율을 사용해서 바로 계산할 수 있다. 그러면 이 케이블카는 수레바퀴가 100회전하면 314m 전진하는가, 그렇지 않으면 628m 전진하는가?

어느 쪽이라고도 할 수 없다.

크고 작은 어느 쪽의 수레바퀴도 미끄러짐이 없이 선로 위를 회전하면서 전진하는 것은 절대로 불가능하다. 가령 2개의 수레바퀴가 어느 쪽도 톱니바퀴이고 선로에 그 톱니를 넣는 구멍이 뚫려 있다고 하면 이 수레바퀴에 아무리 동력을 걸어도 전차는 전진하지 않는다.

그러나 실제로는 어느 쪽이든 보다 강력하게 선로와 접촉하고 있을 것이다. 큰 수레바퀴와 선로의 마찰 쪽이 강하면 큰 수레바퀴는 구르고 작은 수레바퀴는 그 선로를 앞으로 밀어 보내는 것처럼 하여 미끄러진다(이때는 628m 전진한다). 또 작은 수레바퀴 쪽이 마찰이 크면 그 작은 수레바퀴는 선로 위를 구르고 큰 수레바퀴는 그 선로를 뒤로 미는 것처럼 미끄러진다(이때는 314m 전진한다). 아무튼 이러한 수레바퀴를 만들어서는 손해다. 한쪽의 바퀴가 강하게 접촉하고 있어 다른 바퀴가 떠 있으면 문제는 없지만 양쪽 모두 마찬가지로 접촉하고 있다면 미끄러지는 쪽의 수레바퀴는 브레이크를 걸고 있는 것이 된다.

이 수레바퀴가 동력에 연결된 것이 아니고 끌려가는 차량에 붙어 있는 경우에도 사정은 같다. 한쪽이 보다 강력하게 선로에 접촉하고 있으면 보통의 차량과 마찬가지가 되지만 양쪽 모두 같은 세기로 선로 위에 놓여 있다면 적어도 한쪽은 미끄러지지 않으면 안 된다.

29. 죽음의 드라이브

<table>
<tr><td>문제</td></tr>
</table>

사람들이 말리는 것도 듣지 않고 눈 속을 튀어나간 비틀즈풍의 젊은이 일행, 자동차를 쌩쌩 몰면서 언덕길을 다 올라가니 앞이 확 트인 내리막길은 오른쪽으로 급커브로 되어 있어 직진하면 골짜기 바닥으로 추락한다. 어젯밤부터 내린 눈으로 길은 미끄럽다. 운전자는 당황하여 브레이크를 밟지만 자동차는 멈추지 않는다. 일행은 그때까지의 허세는 어디로 갔는지 약속이나 한 것처럼 안색이 바뀌었다. 그대로 핸들을 오른쪽으로 꺾어도 자동차는 똑바로 비탈길을 미끄러져 간다. 목숨은 아깝다. 위기일발. 그러면 어떻게 하면 될까?

브레이크는 풀어 놓는 편이 좋다.

이런 때는 자동차를 멈추려고 하여 당황해서 브레이크를 밟는 경향이 있다. 수레바퀴와 도로 사이의 마찰이 작고 비탈길이 가파르면 자동차는 똑바로 미끄러져 버린다. 핸들을 오른쪽으로 꺾어서 앞바퀴를 오른쪽으로 돌려도 바퀴는 돌지 않고 미끄러지고 있는 것이므로 자동차는 오른쪽으로 구부러지지 않는다.

그러나 브레이크를 풀어 놓으면 앞바퀴는 회전하기 시작할지도 모른다. 앞바퀴가 회전해 주면 자동차는 길을 따라 굽어 추락을 모면할 수 있다.

그러면 앞바퀴가 미끄러지는가, 구르는가는 무엇에 의해서 결정되는가. 이것은 바퀴와 지면 사이의 미끄럼마찰(미끄러지기 어려움을 나타내는 수치)과 회전마찰(회전하기 어려움을 나타내는 값)의 비교로 결정된다. 예컨대 강철 위를 강철이 미끄러져 가기 위한 조건은(이것을 운동마찰계수라 한다) 수평거리 100m에 대해서 높이 3~9m의 기울기이다. 그런데 기름을 바르면 높이는 90cm 정도라도 괜찮은 것으로 된다.

한편 구르는 쪽은 축과 수레바퀴 사이에 쇠공을 넣어 양자가 점에서 접하도록 하여 매우 마찰을 작게 하고 있다. 회전의 마찰계수는 기름을 치는 방법이나 쇠공의 마멸 정도 등이 관계하여 일반적으로는 복잡해지지만 회전 시초의 마찰계수가 미끄럼의 운동 마찰계수보다 작으면 바퀴는 구르기 시작한다.

<table>
<tr><td>문제</td></tr>
</table>
그림처럼 축이 고정되어 있는 2개의 나무로 만든 원기둥이 있다. 이 원기둥 위에 폭도 두께도 똑같은 나무판을 올려놓는다. 2개의 원기둥을 모두 시계방향으로 돌리면 나무판은 오른쪽으로 진행한다. 모두 반시계방향으로 돌리면 판은 왼쪽으로 진행한다. 이러한 것은 그림을 보기만 해도 바로 이해할 수 있다. 그래서 어느 쪽도 안쪽으로 돌렸다면(오른쪽 원기둥이 반시계방향, 왼쪽이 시계방향) 위에 올려놓은 판은 어떻게 되는가(A).

또 어느 쪽도 바깥쪽으로 돌렸다면(오른쪽이 시계방향, 왼쪽이 반시계방향) 판은 어떻게 되는가(B).

모두 안쪽을 향해서 돌리면 판은 중앙으로 온다. 또 모두 바깥쪽
으로 돌리면 판은 처음에 치우쳐 있던 방향으로 진행한다.

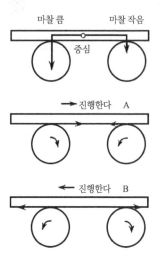

판과 원기둥의 사이에는 마찰력이 작
용한다. 2개의 원기둥은 서로 판을 역방
향으로 당기고 있으나 어느 쪽으로 진행
하는가는 마찰력의 크고 작은 것으로 결
정된다.

판을 2점으로 지탱할 때에는 중심(重心)
에 가까운 쪽으로 큰 힘이 걸린다. 따라서
문제 A에서는 예컨대 최초에 판이 왼쪽
으로 치우쳐 있었다면 왼쪽의 마찰력이

강하게 발휘되어 판은 중앙으로 간다. 정확히 중앙에 있었다면 좌우의 마
찰력은 같아져 나머지는 그대로 공회전한다.

문제 B에서는 판이 처음에 왼쪽으로 치우쳐 있었다면 점점 더 왼쪽으
로 진행하여 왼쪽으로 떨어져 버릴 것이다. B에서 처음에 판을 정말로 한
가운데에 놓았다면 판은 어느 쪽으로도 진행하지 않을 것이다.

물체가 움직이면—동역학과 마찰

〈문제 15〉부터 〈문제 24〉까지는 동역학을 다루었고 25부터 30까지는 마찰의 문제였다. 이 중에서 「얄미운 자동차」와 「무한반발」은 단순한 운동의 문제이고 이러한 것을 운동학이라 말하는 일이 있다. 보통의 동역학에서는 힘이 질량과 가속도의 곱이 된다는 뉴턴의 운동법칙을 기본으로 하고 있다.

「천국의 작은 새」와 「깊고 조용히 가라앉아라」는 상자 속의 물체가 가속으로서 나타나는가, 힘으로서 인정되는가의 차이를 보인 것이다.

「타잔과 원숭이들」, 「실감개의 경쟁」, 「들고양이, 삼돌이에게 부드러움을 가르치다」는 이를테면 강체(剛體)의 역학이다. 물체가 매우 작을 때에는 단순히 그것을 움직인다는 것만을 생각하면 된다. 그런데 큰 물체는 보통 움직인다는 것 이외에 그것을 돌린다는 것까지 생각하지 않으면 안 된다.

물체에는 질량이 있고 그것이 움직이기 어려움을 나타내는 것과 마찬가지로 큰 물체에는 돌리기 어려움으로서 관성 모멘트가 생각되고 있다. 질량은 철두철미하게 일정하다(다만 상대성원리를 생각하면 별개지만…… 이러한 것은 나중에 「이조 시대를 보다」에서 언급한다).

그런데 관성 모멘트는 형태가 바뀌면 그 값이 바뀐다. 가령 달리고 있는 물체의 질량이 갑자기 바뀌었다면 어떻게 될까. 현실적으로 없는 일이어서 생각하기 어렵지만 아마 속도가 바뀔 것이다. 그런데 회전하고 있는 물체가 고양이와 같이 살아 있는 생명체라면 회전 중에 관성 모멘트가 바뀐다(실제로는 고양이가 본능적으로 바꾼다). 따라서 회전속도를 제어할 수 있다. 그네를 타고 차츰 흔들림을 크게 할 수 있는 것도 마찬가지다. 처음에 약간 흔들리고 있으면 어린이는 무의식적으로 주기적으로 관성 모멘트를 바꾸고 있다. 이 경우 어린이는 일을 하고 있는 것이고 결코 에너지 불멸의 원리에 반하고 있지 않다.

「해답이 있는 퍼즐」은 힘 이외에 시간도 생각하여 힘을 시간으로 평균해 보면 결국은 바뀌지 않았음을 가르치는 것으로 물리학에서 말하는 충격량이라는 개념의 도입이다.

마찰에 관한 문제는 틀리기 쉽다. 마찰력이라는 것은 어떠한 경우에도 2개의 면의 성질에 따라서 결정되는 마찰계수와 서로 면을 미는 힘의 크기를 곱한 것이 된다.

재료가 정해져 있고 마찰력을 크게 하고자 할 때에는 무엇이든지 접촉면을 강하게 밀기만 하면 된다. 대부분의 문제가 마찰력의 크고 작음은 면을 서로 미는 힘의 크고 작음에 따른다는 것을 설명하고 있다.

자동차도 사람도, 지면과 수레바퀴 또는 지면과 신발 사이의 마찰력을 이용해서 전진한다. 끈을 매는 것도, 못을 박는 것도, 나사못을 꽂을 수 있는 것도, 모두 마찰이 있기 때문이다. 만일 마찰이 없다면 우리의 일상생활은 전적으로 비정상이 돼버릴 것이다.

자전거에 기름을 친다. 자동차의 각 부품도 윤활유로 움직임을 매끄럽게 한다. 그밖에 여러 가지 기계도 기름을 치면서 운전한다. 무엇이든 마찰을 작게 하기 위해서다. 이러한 것이라면 차라리 세상 속에 마찰이 없는 편이 좋다고 생각할지도 모르지만 당치도 않은 일이다. 예컨대 끈을 매어도 그것이 옭매듭이든 나비매듭이든 마찰이 없으면 매듭의 양쪽을 당기면 스르르 풀려 버린다. 2매의 판을 못으로 박아도 당기면 못은 쑥 빠져 버린다. 판이 나사못으로 붙어 있어도 나사는 빙빙 돌아 빠진다. 우리의 생활은 마찰 없이는 성립하지 않는다.

제3장

지구

<table>
<tr><td>문제</td></tr>
</table>

○월 △일, 오스트레일리아의 멜버른과 핀란드의 헬싱키에서 같은 때에 각각 방송경기대회가 거행되었다. 같은 시각에 투포환(投砲丸)의 결승전에 들어갔는데 멜버른의 우승자 M선수와 헬싱키의 우승자 H선수가 모두 18m 62라는 세계신기록을 수립하였다. 세계의 라디오는 모두 실력이 백중인 두 선수의 위업을 칭송했다. 그런데 그것으로 만족할 수 없었는지, H선수는 "헬싱키와 멜버른에서 같은 기록이라면 나의 승리다"라고 주장했다. 그는 무엇을 근거로 하여 이와 같이 주장한 것일까?

해답 31 동일 제품의 포환이라면 헬싱키에서 사용한 편이 무거워진다는 것이 그의 주장이다.

2개의 포환이 같은 장소에서 같은 무게라면 2개는 질량이 같다. 그런데 질량이 같아도 지구상의 장소가 다르면 반드시 무게는 같지 않다. 무게는 지구상의 각 지점에서의 중력의 가속도의 값에 비례하는데 중력의 가속도는 적도 부근에서 작고 북극이나 남극에 가까워짐에 따라 커지는 것이 일반적이다. 덧붙여서 말하면 헬싱키에서는 $981.9152cm/s^2$, 멜버른에서는 $979.9790cm/s^2$이어서 멜버른 쪽이 500분의 1 정도 가볍다. 가벼우면 던질 때의 속도도 빠를 것이고 비행 중에도 중력이 적으므로 다소는 멀리 날 것이다. 아무튼 멜버른 쪽이 유리하니 같은 기록이라면 헬싱키 쪽이 승리라는 것이다.

간단히 하기 위해 처음 속도가 같고 공기의 저항을 무시하면 헬싱키에서 18m 나는 것은 멜버른에서 18m 3cm 6mm 나는 것이 되지만 실제로는 공기의 저항 등이 있어 이렇게 차이가 벌어지지 않을 것이다. 오히려 그때의 바람방향 등의 영향이 크다. 그러면 두 지점에서 같은 무게의(따라서 다른 질량의) 포환을 사용하면 어떠할까. 이번에는 멜버른이 불리해진다. 질량이 크기 때문에 같은 힘으로도 가속도가 붙기 어렵기 때문이다.

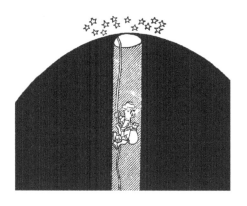

| 문제 | 가령 지구의 중심을 향해서 계속 구멍을 파 들어갈 수 있었다고 하자. 그리고 기나긴 로프로 지구의 중심을 향해서 내려간다. |

차츰 중심에 접근함에 따라 짊어진 배낭의 무게는 어떻게 될까?

① 배낭과 지구는 가까워지는 것이 되므로 중심에 접근할수록 무거워 진다.

② 지구의 내부에 들어가 버리면 어디서도 무게는 변하지 않는다. 지 표와 같은 무게다.

③ 깊게 내려갈수록 가벼워진다.

④ 지면 속에서는 어디서나 무게는 제로가 된다.

③과 같이 된다.

    지구의 속에서도 만유인력의 법칙은 성립한다. 지표에서는 지구의 전 질량이 아래에 있다고 생각해도 되지만 땅속에서는 위에도 토지 암석이 있다. 도중까지 내려가서 용수철저울에 올라탔다고 하자. 이때에는 아래 그림의 빗금 부분부터의 인력은 정확히 상쇄된다. 바꿔 말하면 지구가 그만큼 작아진 것과 마찬가지다. 지구가 작아지면 인력은 감소된다. 배낭도 몸무게도 가벼워진다. 그러나 중심에 가지 않는 이상 무게는 제로로는 되지 않는다. 다만 실제로는 지구 속으로 내려가면 매우 온도가 높아진다. 그것을 무시하고 정확히 절반이 되는 곳까지 기어 들어갔다고 하면 80kg의 물체는 계산으로는 40kg이 될 것이다.

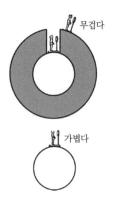

33. 저승의 방위

문제 | 시대를 불문하고 속임수가 만연하는 것은 인간 세상의 추세이다. 이것도 어떤 사기꾼의 이야기다. 속지 않도록 조심해서 듣기 바란다.

그가 말하는 바에 따르면 천상 낙원에 대응하는 암흑의 무간지옥(無間地獄)은 땅의 밑바닥에 있다고 한다. 땅의 밑바닥, 즉 지구의 중심은 온갖 지상의 것을 항상 불러들이고 끌어당기고 있다. 그것은 바로 이렇다라고 그는 호주머니를 뒤져서 정체를 알 수 없는 추를 매단 한 가닥의 실을 꺼내 조용히 늘어뜨려 보였다.

그런데 과연 실의 끝은 지구의 중심을 가리키고 있는가 어떤가?

적도와 북극, 남극 이외에서는 다소 중심으로부터 어긋나 있다.

지구상에 있는 물체에 무게가 있거나 던지면 아래로 떨어지거나 하는 것은 물체와 지구 사이에 만유인력이 작용하고 있기 때문이다. 만유인력만이라면 추는 지구의 중심[정확히 말하면 지구의 중심(重心)]의 방향을 향한다.

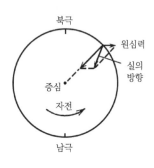

그런데 지구는 북극과 남극을 잇는 축의 주위를 자전(自轉)하고 있다. 회전하고 있는 물체의 위에 타고 있는 물체는 바깥쪽으로 향하는 힘이 작용한다. 이것이 원심력이다.

북반구에서 원심력은 남쪽 하늘의 방향을 향하고 있는 것이 되고 만유인력과 원심력의 양쪽에 영향을 받는 추는 지구의 중심방향을 향하지 않는다.

다만 원심력은 만유인력에 비해서 작고 가속도의 크기로 나타내면 인력이 982cm/s²이 채 못 되는 것에 반해서 원심력은 적도에서 3cm/s² 남짓이다. 위도가 높아지면 작아지고 북극과 남극에서 원심력은 제로이다. 가령 만유인력이 없어졌다고 하면 북반구에서는 지상의 물체는 순식간에 남쪽 하늘로 올라갈 것이다.

34. 도쿄에서 오사카에 다다르다

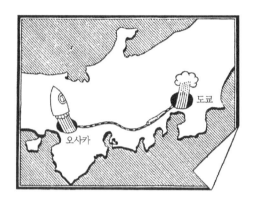

<table>
<tr><td>문제</td><td>두더지가 땅을 파는 것처럼 도쿄에서 땅속으로 기어 들어가 구멍을 파 들어가고 다시 오사카의 지표에 나오도록 한다. 이 구멍</td></tr>
</table>

에 엔진이 없는 탄환열차를 중력을 이용해서 달리게 한다. 약간 비현실적인 이야기지만 열차가 구멍 속을 달릴 때 마찰이 전혀 없는 것으로 가정해보자. 그러면 도쿄와 오사카의 거리는 약 500km인데 구멍을 가장 잘 팠을 때 이 마찰이 없는 열차가 도쿄에서 오사카에 도착할 때까지 얼마만큼의 시간이 걸리는가?

①10분   ②1시간

③6시간   ④24시간

①이 옳다.

구멍을 파는 방법은 여러 가지가 있겠지만 사이클로이드(Cycloid)라는 특별한 형태의 곡선으로 했을 때가 열차의 소요시간이 가장 적게 든다. 사이클로이드라는 것은 둥근 수레바퀴의 테두리에 하나만 표시를 하여 이 수레바퀴를 직선상에 굴렸을 때 표시가 그리는 곡선을 말한다.

지면상에서 수레바퀴를 굴리면 사이클로이드는 위를 향해 산 모양으로 곡선을 그리지만 여기서는 상하를 거꾸로 하여 아래를 향해서 산 모양으로 곡선을 그리는 것(즉 골짜기 형태)이 가장 짧은 시간에 달릴 수 있는 곡선이다. 구멍은 도쿄 - 오사카의 한가운데가 가장 깊고 약 160km 정도가 된다.

도쿄에서 구멍으로 들어간 열차는 처음에는 중력 때문에 쭉쭉 속력을 증가시키고 중앙부에서는 가장 빨라진다. 오사카에서 지상으로 나왔을 때 속도는 다시 제로가 되어 있다. 이 동안의 시간이 10분 정도라는 것은 수학을 이용해 확인할 수 있다.

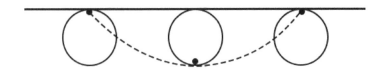

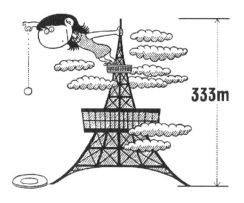

333m

문제　일본에서는 기름 장수 하면 게으름뱅이의 대표처럼 일컬어지고 있는데, 서양에서는 그 옛날 길을 지나가던 기름 장수가 병주둥이에 구멍이 뚫린 동전을 올려놓고 나무 위에서 뚝뚝 기름을 부어 한 방울도 흘리지 않았다는 이야기가 있다.

　이 이야기를 도쿄타워에서 해보려는 것이 문제이다. 지금 완전히 무풍상태를 골라 기름 대신 1개의 둥근 작은 돌을 충분히 겨냥해서 떨어뜨렸다고 하자. 그 바로 아래에는 지름 3cm 가량의 받침 접시가 놓여 있는데 과연 돌은 바로 아래에 떨어져 받침 접시에 들어갈 수 있을까?

약간 동쪽으로 벗어나 접시에 들어가지 않는다.

지구는 자전하고 있다. 도쿄타워 아래의 지 면도 도쿄타워의 꼭대기도 동쪽으로 움직이고 있다.

그런데 꼭대기와 지면에서는 북극 남극을 잇는 축으로부터의 거리가 약간 다르다. 도쿄 의 위도를 35도 41분, 타워의 높이를 333m라

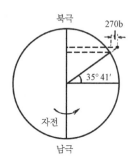

고 하면 축으로부터의 거리의 차이는 약 270m 정도가 된다. 꼭대기는 지 면에 비해서 이만큼 큰 반지름으로 자전한다. 결국 꼭대기는 지면보다도 1초에 대해서 1.9cm 정도 빨리 동쪽으로 달리고 있는 것이다.

자전속도가 큰 물체가 자전속도가 작은 땅을 향해서 달릴 때는 힘이 넘 쳐 동쪽으로 굽는다. 이때 돌에 작용하는 겉보기의 힘을 코리올리의 힘이 라 부른다. 도쿄타워에서 떨어뜨린 돌이 만일 공기의 방해를 받지 않는다 면 바로 아래보다도 10cm 남짓 동쪽으로 낙하한다.

문제

혜영 씨는 국제선의 스튜어디스이다. 김포에서 하와이를 경유하여 샌프란시스코까지 근무하고 돌아올 때도 같은 길을 지난다. 미녀인 그녀도 최근 살이 찐 것이 고민이다. 그런데 동료의 이야기를 들으니 비행 중에는 몸무게가 가벼워지는 일이 있다고 한다. 설마하고 생각하여 네비게이터(Navigator, 항공사)에게 물어보았다. 그랬더니 물리적인 이유로 약간 가벼워지는 일이 있다고 한다. 혜영 씨로서는 참으로 기쁜 이야기이다. 그렇다면 동쪽(김포 → 샌프란시스코)을 향할 때 가벼워지는가, 서쪽을 향할 때 가벼워지는가, 또는 왕복 모두 가벼워지는가?

해답 36 | 동쪽을 향할 때 가벼워진다.

지구는 서쪽에서 동쪽으로 자전하고 있다.
그 때문에 지구상의 물체에는 원심력이 작용
하여 그 몫만큼 가벼워지고 있다(문제 33). 그
런데 동쪽을 향해서 나는 비행기는 지구의 자
전과 같은 방향으로 달리는 것이 된다. 그래서
원운동의 속도도 증가하여 위쪽으로의 원심력

도 커진다. 따라서 위쪽으로 끌어올리는 원심력만큼 무게가 감소한다고
생각해도 된다.

지구의 자전속도는 적도에서 1.36마하 정도, 북위 30도 부근에서는
1.2마하 정도가 된다. 하와이를 향해서 0.9마하로 달리는 제트기의 원운
동의 속도는 2.1마하, 반대로 김포로 돌아오는 것은 0.3마하라는 것이 된
다. 원심력은 속도의 제곱에 비례한다. 이러한 것으로부터 계산해 보면 가
속도로 고쳐서 하와이행은 매초 5cm 정도 증가하고 김포행은 매초 2cm 정
도 감소한다. 중력의 가속도는 매초 980cm이므로 동쪽행일 때 몸무게는
0.5% 정도 감소하고 반대로 서쪽행일 때 0.2% 정도 증가한다. 그러나 서
쪽으로 나는 속도를 잔뜩 올려 지구의 자전속도보다 크게 하면 몸무게는
감소하기 시작한다. 지구의 주위를 24마하(매초 8km) 이상으로 돌면 드
디어 몸무게는 제로가 된다. 이것이 인공위성이다.

<table>
<tr><td>문제</td><td>지구는 태양의 주위를 1년 걸려서 1회전한다. 이것을 공전(公轉)이라 한다.</td></tr>
</table>

|문제| 지구는 태양의 주위를 1년 걸려서 1회전한다. 이것을 공전(公轉)이라 한다. 어느 날 학교에서 지구는 자전하고 있다는 것을 듣고 귀가한 어린이가 아버지에게 그러면 지구는 1년에 몇 바퀴 자전하는 가라고 물었다. 그때 아버지의 대답은

"4년에 한번 윤년이 있으므로 지구는 1년에 365바퀴와 4분의 1 자전하는 거란다. 지구 위에 있으면 모르겠지만 예컨대 별과 같은 항성에 있으면서 지구의 자전을 보면 365회와 4분의 1도는 것을 알 수 있는 것이란다."

라는 것이었다. 과연 아버지의 대답은 옳은가, 어떤가?

옳지 않다. 우주 공간에 대해서 지구는 1년간에 366회 가량 자
전한다.

그림처럼 옛 100엔 은화를 놓고 그 아래에 새 100엔 은화를 붙여서 배
열한다. 옛 100엔화는 고정해 두고 새 100엔화를 옛 100엔화와 맞물리게
하면서 일주시켜 보면 새 100엔화는 2회전한다. 그런데 새 100엔화의 가
장자리에 벌레가 있었다 하자. 이 벌레는 옛 100엔화를 1회전하는 동안에
옛 100엔화에 한 번만 부딪힌다.

새 100엔화(이것이 지구)가 옛 100엔화(이것이 태양)를 중심으로 하여
더 큰 반지름으로 자전하면서 공전하여도 사정은 마찬가지다. 새 100엔
화가 10회 자전해도 옛 100엔화에 대해서는 9회밖에 만나지 않는다. 지구
는 우주공간에 대해서(또는 항성에 대해서) 1년간에 366회 가량 자전한
다. 그런데 이 동안에 태양에 대해서는 365회 가량밖에 만나지 않는다. 다
만 1일이란 1자전의 시간이 아니고 태양과 얼굴을 대하고 다음에 태양과
얼굴을 대할 때까지의 시간을 말한다.

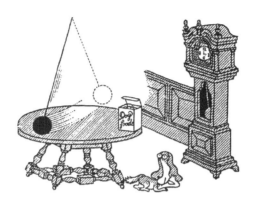

<table>
</table>

| 문제 |

테이블 위에 강아지가 좋아하는 독 푸드(Dog Food)가 있다. 강아지는 테이블 위에 오를 수 없다. 허기진 배를 안고 슬픈 눈으로 올려다볼 뿐이다.

천장에는 긴 흔들이가 매달려 있는데 이것이 진동하고 있다. 흔들이의 추가 독 푸드를 밀쳐 주면 되지만 그림에서 보는 것처럼 흔들이의 면은 독 푸드로부터 벗어나 있다. 만일 인간이 오지 않는다면 강아지는 언제까지나 독 푸드를 먹을 수 없는 것일까. 흔들이의 진동은 하루나 이틀만에는 멈추지 않는다고 하는데.

해답 38　강아지는 가만히 기다리고 있으면 된다.

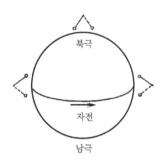

일반적으로 중력에 의해서 진동하고 있는 이 문제와 같은 흔들이는 진동면을 바꾸지 않으려고 한다. 이것은 프랑스의 물리학자 푸코(1819~1868)에 의해서 발견된 것으로 푸코 흔들이라 한다. 진동면은 공간에 대해서 불변이지만 지구 쪽이 자전하고 있다. 그 때문에 푸코 흔들이의 진동면이 차츰 돌아가는 것처럼 보여 이윽고 독 푸드를 튕겨 버릴 것이다.

진동면의 회전속도는 위도에 따라 다르다. 북극과 남극에서는 1일에 대략 1회전한다(정확히 말하면 23시간 56분 4초 정도로 1회전한다. 「1년은 365일인데」에서 언급한 것처럼 지구는 공간에 대해서 1일에 1자전하는 것이 아니고 더 적은 시간으로 1자전한다). 그런데 그림에서 알 수 있는 것처럼 적도 위에서는 푸코 흔들이의 진동면은 지면에 대해서 움직이지 않는 것이 된다. 극과 적도의 중간에서는 1일에 1회전하지 않지만 서서히 진동면이 돌고 있는 것은 확실하다. 일본에서는 2일 약(弱)으로 1회전한다.

코리올리의 힘—지구의 자전에 대해서

〈문제 31〉에서 〈문제 38〉까지는 지구에 관한 것이다. 「땅의 밑바닥 탐험」, 「도쿄에서 오사카에 다다르다」는 만유인력의 문제지만 기타는 어느 것도 지구의 자전에 관계하고 있다.

우리들이 등속운동을 하고 있는 전차에 타고 있을 때는 모든 것이 정지하고 있는 실내에 있을 때와 전혀 차이가 없다. 그런데 가속하고 있는 것 속에 있을 때는 겉보기의 힘이 작용한다.

이것을 달랑베르의 힘이라 한다. 전차의 손잡이가 비스듬히 되는 것은 좋은 예이다. 북극 회전운동도 가속운동이다. 속력은 바뀌지 않아도 속력의 방향이 일각일각 바뀐다. 지구는 구형이지만 회전을 문제로 할 때에는 원판처럼 생각하는 편이 알기 쉽다(그림 1). 북반구에서는 위에서 보아 반시계방향으로 돌고 있다. 위도가 높을수록 중심에 가깝고 적도에 가까울수록 중심에서 멀어진다.

지구상에 정지하고 있는 것은, 겉보기의 힘은 원심력뿐이다. 그런데 지구상에서 움직이는 것, 일반적으로 말하면 회전원판 위에서 거듭 원판에 대해서 움직이고 있는 것에는 코리올리의 힘이라는 겉보기의 힘이 작용한다. 「도쿄타워로부터의 낙석」, 「행운은 누워서 기다려라」는 코리올리의 힘의 문제이다.

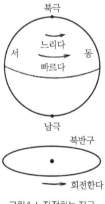

그림1 | 자전하는 지구

코리올리의 힘

코리올리는 1792년에 태어나서 1843년에 죽은 프랑스의 물리학자이다. 코리올리의 힘은 간단한 수식으로 표현되는데 그 크기는 원판 위에서 달리는 물체의 원판에 대한 속도와 질량에 비례하고 또 원판의 각속도(角速度)에

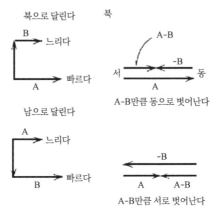

그림 2 ㅣ 벡터를 사용해서 생각한다

도 비례한다. 힘의 방향은 위에서 보아 반시계방향의 원판(지구로 말하면 북반구)이라면 진행방향도 직각이고 오른쪽으로 향한다. 결국 북반구에서는 어느 쪽을 향해서 달려도 반드시 오른쪽으로 굽어 가는 것이다. 어째서 이렇게 되는가, 조금 생각해 보자.

남북으로 달릴 때

북반구를 원판처럼 생각한다. 중심이 북, 원둘레의 방향은 모두 남이 된다.

그러면 남에서 북으로 달린다 하자. 남에서 원판은 빨리 동으로 달리고 북으로 갈수록 동으로 움직이는 속력은 느려진다. 예컨대 회전목마의 한복판 언저리에 탄 것과 한쪽 끝에 탄 것은 속도감이 전혀 다르다. 결국 남에 있었던 물체는 빨리 동으로 달리는 관성을 갖고 있으나 이 관성은 물체가 북으로 가도 그대로 유지된다. 그러나 북으로 가면 원판의 움직임은 느리다. 따라서 물체는 원판 자체보다도 빨리 동으로 진행한다. 바꿔 말하면 진북으로 달려야 할 것이 실은 힘이 남아 동북으로 달리게 되는 것이다.

　이러한 것을 벡터를 사용해서 그림으로 그려본다. 남에서 원판은 A처럼 빨리 달린다. 조금 북으로 가면 원판은 벡터 B처럼 느리다. 원판 위에 서 있는 사람이 남에서 북으로 달려오는 물체를 보면 어떻게 보일까? 물체가 북으로 달리고 있는 것에는 틀림이 없으나 그 이외에 A에서 B를 뺀 차이만큼 동으로 향하고 있는 것처럼도 보이는 것이다. 원판 위의 사람으로부터 보면 물체는 동으로(즉 진행방향 우측으로) 겉보기의 힘을 받아서 움직이고 있는 것이 된다.

　북에서 남으로 향할 때는 반대가 된다. 느린 자전속도로부터 빠른 자전 속도의 땅으로 향한다. 그 때문에 물체는 자전으로 따로 뒤처져 서쪽으로 힘을 받은 것이 된다. 이 경우도 겉보기의 힘은 진행 우측이다.

문화의 역사에도 자전의 영향

　지구의 북반구에 저기압이 발생했다고 하자. 보통이라면 주위의 고기압의 공기는 이 속으로 들이쳐서 기압을 평균화해 버릴 것이다. 그런데 지구는 자전하고 있다. 남에서 북으로 향하는 바람은 저기압의 중심으로 뛰어들 것인데 동으로 달리는 타성이 지나치게 커서 오른쪽으로 빗나간다. 북에서 남으로 향하는 바람도 마찬가지로 오른쪽으로 빗나간다. 이리하여 태풍의 눈을 중심으로 바람은 반시계방향으로 돈다. 바람은 직접 태풍의 눈에 뛰어들지 않고 주위에 눌러 앉아 있을 뿐이다. 그 때문에 오히려 저기압을 발달시켜 버리는 일도 있다.

　태풍뿐만 아니라 보통 바람의 경우도 이치는 같다. 큐슈(九州)에서 서쪽으로 향하는 돛단배는 서남으로 떠내

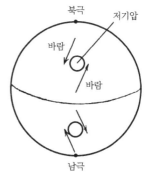

그림 3 | 태풍의 눈에 뛰어드는 바람

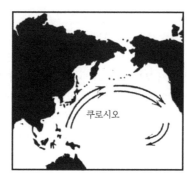

그림 4 l 쿠로시오의 흐름

려가게 된다. 이 때문에 일본에서는 옛날부터 동남아시아 방면과의 무역이 성행하였다. 코리올리의 힘이 나라의 문화에 영향을 미치고 있다.

쿠로시오 난류는 일본의 태평양 연안을 남서에서 동북으로 흐르고 북태평양을 지나서 북미(北美)의 연안을 남하하여 서진(西進)해서 다시 일본으로 다가온다. 이 운동도 코리올리의 힘에 따른다. 태풍은 반시계방향, 쿠로시오는 시계방향이어서 일견 모순되고 있는 것 같지만 결코 잘못되어 있는 것은 아니다. 공기라든가 바닷물이라든가의 질량을 갖고 있는 것은 반드시 오른쪽으로 빗나가는 것이다.

동서로 달릴 때

지구상에서 물체(또는 물질)가 남북으로 달릴 때 그것이 오른쪽으로 빗나가는 것은 알기 쉽다. 그런데 동서로 달릴 때도 오른쪽으로 빗나간다. 이것은 알기 어렵다.

물리적 현상도 직감만으로 이해할 수 있는 것과 그렇지 않은 것이 있다. 같은 코리올리의 힘이라도 남북으로 물체가 달릴 때는 자전속도의 차이 때문에 그것이 오른쪽으로 굽는다는 것을 머릿속에서 상상할 수 있는 사람이 많은 것 같다.

동쪽으로 달린다

A-B만큼 남쪽으로 벗어난다

서쪽으로 달린다

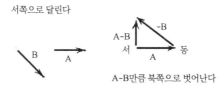

A-B만큼 북쪽으로 벗어난다

그림 5 ㅣ 동서를 향해서 달린다

그런데 동서로 달리는 것이 왜 오른쪽으로 굽지 않으면 안 되는가라는 문제가 되면 이것을 단순한 말로 설명하는 것은 상당히 어려운 작업이 된다. 동이나 서를 향해서 달리는 것으로는 자전속도의 같은 장소를 달리는 것이므로 어느 방향으로도 빗나갈 리가 없지 않은가라고 말할 수 있을 것 같다. 남북의 경우 일부러 까다로운 벡터를 거론한 것도 동서의 경우의 복선(伏線)이다.

동으로 달리는 경우를 생각해 본다. 어느 시각에 물체의 바로 아래의 원판은 그림의 A처럼 진동(眞東)으로 달리고 있었다. 물체는 똑바로 진행한다. 이로부터 약간 시간이 경과한 뒤 물체의 바로 아래의 원판은 그림의 B처럼 이미 물체와 같은 방향으로 달리고 있지 않다. 진행 물체에 대해서 얼마간 왼쪽 비스듬히 향해서 달리고 있다. 원판 위에서 자전의 접선방향으로 선을 그어 보면 이러한 것은 잘 알 수 있다.

그런데 최초의 원판의 속도 A에서 나중의 원판의 속도 B를 뺀 것이 원판 위에서 본 물체의 가속방향이다. 이것은 남쪽을 향하고 있다. 결국 동쪽을 향해서 쏘았을 포탄은 지면에서 보면 다소 남쪽으로 굽는다는 것이다. 서를 향해서 달리는 경우는 그림의 아래와 같이 된다. 최초의 원판의 속도가 A, 나중의 원판의 속도가 B, 이 경우는 북으로 굽는다.

결국 북반구에서는 남북으로 달릴 때뿐만 아니라 동서로 달리는 경우에도 진행 우측으로 겉보기의 힘을 받는 것이 된다. 원심력은 원판의 중심으로부터 먼 곳에 있는 것일수록 큰 힘을 받지만 코리올리의 힘은 원판의 어디에 있어도 원판에 대한 물체의 속도가 같다면 크기는 같아진다.

도쿄타워의 경우

「도쿄타워로부터의 낙석」에서 탑의 위와 탑의 아래는 자전속도가 매초 1.6cm 정도 틀리다는 것을 언급하였다. 돌을 자연 낙하시켰을 때 지상에서 얼마만큼 동쪽으로 떨어지는가를 계산하는 데에 마치 초속도 1.6cm/s로 진동(眞東)으로 던진 낙하 물체처럼 취급하면 이것은 잘못이다. 만일 그와 같이 계산하면 진공 속을 물체가 333m 낙하하는 데에 소요되는 시간은 대략 8.1초이다. 따라서 낙하 중에 1.6 × 8.1 = 13cm 정도 동쪽으로

그림 6 | 나일의 곡선

비킨다. 그러나 가령 진공 속을 떨어뜨렸다 해도 이렇게는 되지 않는다. 이러한 계산법은 낙석의 길을 포물선이라 생각하고 있는 것이 된다. 그러나 돌에 작용하는 것은 코리올리의 힘이다. 돌은 위에서 아래로(이것은 꼭 원판 위를 남에서 북으로 달리는 것에 상당한다) 달리고 있으나 중력 때문에 처음에 느리고 나중에 빠르다. 코리올리의 힘은 속도가 빠를수록 크다. 그래서 돌을 탑으로부터 낙하시켰을 때 처음에는 그다지 동쪽으로 끌리지 않지만 낙하속도가 빨라짐에 따라 쭉쭉 동으로 향한다. 그 때문에 낙하의 길을 그리면 〈그림 6〉처럼 된다(그림은 동쪽으로 비키는 비율을 상당

히 극단적으로 그렸다). 이것을 나일의 곡선이라 부른다. 이와 같이 결코 포물선으로는 되지 않는다. 코리올리의 힘을 바르게 계산하면 도쿄타워에서 돌을 던졌을 때 해답에 있는 것처럼 10.5cm 정도 동쪽으로 비켜서 떨어진다.

푸코 흔들이

「행운은 누워서 기다려라」의 푸코 흔들이도 실은 코리올리의 힘이다. 추는 회전하고 있는 지구라는 체계 위에서 움직이고 있다. 추의 속도는 중앙에서는 빠르고 양끝에서는 제로가 된다. 이 때문에 중앙부에서 가장 큰 오른쪽으로 비키는 힘을 받는다. 갈 때도 돌아올 때도 오른쪽으로 비키는 힘을 받기 때문에 〈그림 7〉처럼 흔들이의 진동면은 차츰 바뀌어 간다.

옛날의 탄도학에서는 코리올리의 힘까지 문제로 하는 일은 적었던 것 같지만, 그래도 1차 세계대전에서 독일군이 사용한 장거리포에서는 조준(照準)에 코리올리의 힘의 보정까지 가했다고 한다. 파리 공격에 지친 독일군은 크루프 병기공창에 명령하여 빅 버사스라는 굴뚝을 비스듬히 한 것 같은 대포를 제조시켰다. 구경 21cm, 포신 38m 가량이고 사정거리는 110km라 일컬어지고 있다. 정확히 우쓰노미야(宇都宮) 부근에서 도쿄를 포격하는 것에 상당한다. 대포도 이 정도의 규모가 되면 착탄점(着彈点)은 코리올리의 힘 때문에 수백m나 빗나간다고 한다.

지금 가령 눈앞에 있는 돌에 대한 만유인력이 갑자기 없어졌다면 어떻게 될 것인가. 이야기를 간단히 하기 위해 적도상에 있고 돌은 지면에 대해서 정지하고 있었다 하자. 돌은 관성의 법칙

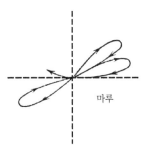

마루

그림 7 l 푸코 흔들이

으로 공간에 대해서 똑바로 달릴 것이다. 이것을 관측하는 인간은 원운동을 하고 있다. 인간의 눈으로부터 보면 돌의 운동은 직선운동과 원운동의 합성이 되어 「도쿄에서 오사카에 다다르다」에서 언급한 사이클로이드를 그린다. 처음에는 바로 위로 올라가지만 머지않아 동쪽을 향하고 12시간 뒤에는 사이클로이드의 극대점(極大点)으로 가고(다만 지구가 투명하여 항상 돌을 관찰할 수 있다고 하자) 24시간 경과하면 동쪽의 수평선 저편으로 내려가고 다시 올라간다.

제4장

유체역학

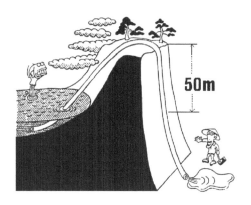

양동이에 역 V자형의 관을 걸고 관의 출구를 수면보다 낮게 한 <u>문제</u> 다. 이 출구에 입을 대고 속의 공기를 빨아 주면 물은 관을 통해서 흘러나온다. 그리고 출구가 수면보다 낮으면 가령 도중은 높아도 물은 언제까지나 흘러나온다. 이러한 장치를 사이펀이라 부른다.

그런데 이 사이펀을 이용해서 높은 지대의 물을 낮은 지대의 논에 대고 싶은데 도중에 50m의 산이 있다. 산을 넘어서 관을 걸치고 출구를 낮게 하여 진공펌프로 관속의 공기를 뽑았다. 물은 무사히 논으로 흘러 갈 것인가?

물은 나오지 않는다.

수은에 진공의 관을 세우면 수은은 76cm까지 올라간다. 공기와 접촉하고 있는 쪽의 면이 1기압으로 눌려 있기 때문이다. 이처럼 폐관(閉管)의 상부가 진공이어도 수은은 76cm 이상은 올라가지 않는다.

물은 수은보다 가볍다. 이 때문에 진공의 관 속에서는 10m 정도 올라가지만(정확히는 10m 33cm) 이 이상은 올라갈 힘이 없다. 50m의 산에 사이펀을 걸치고 아무리 공기를 뽑아도 물은 수면에서 10m밖에 올라갈 수 없다. 논에 물을 대고 싶을 때에는 산에 터널을 파든가 저수지 쪽 관의 입구에 기계로 수압을 걸거나 하지 않으면 안 된다.

같은 이유로 아무리 정교한 흡입펌프로도 10m보다 깊은 지하수를 빨아올릴 수는 없다.

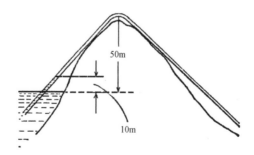

40. 기어오르는 물

문제
물속에 가느다란 유리관을 세우면 물은 혼자서 관 속을 올라간다. 이러한 것을 모세관현상이라 한다. 그래서 위의 그림처럼 이 관에 구멍을 뚫어 구멍으로부터 물을 떨어뜨린다. 물은 낙하하면서 물레바퀴를 돌린다. 관 속에는 물이 혼자서 올라가므로 새로 물을 보충할 필요는 없다. 따라서 물레바퀴는 영구히 돈다. 물레바퀴는 작지만 이러한 장치를 많이 만들면 발전도 가능할 것이다. 공짜로 전기가 생긴다니 대단히 멋진 이야기라고 생각하지만 정말 이러한 것이 가능할까?

불가능하다. 관에 구멍을 뚫어도 물은 흘러내리지 않는다.

모세관현상에서는 관의 벽에 아무리 구멍을 뚫어도 액체는 흘러내리지 않는다. 물속의 압력은 수면의 부분에서는 대기와 같은 1기압이므로 관 속의 수압은 1기압보다 작다. 관벽에 구멍을 뚫었을 때에는 그 부분에서 1기압의 공기와 더 압력이 낮은 액체가 균형을 이룬다.

일반적으로 액체와 기체의 경계가 되는 면에는 마치 무두질한 가죽을 무리하게 잡아 늘였을 때처럼 장력이 작용하고 있다(이것을 표면장력이라 한다). 따라서 경계면이 구의 표면의 일부처럼 굽어 있을 때 면은 작아지려고 안쪽으로 힘을 미

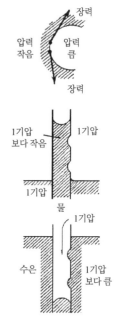

친다. 안쪽이 액체이고 바깥쪽이 기체라도, 바깥쪽이 액체이고 안쪽이 기체라도 아무튼 안쪽이 압력이 크다. 그래서 관벽에 구멍을 뚫었을 때 경계는 곡면이 되고 그대로 물과 공기는 균형을 이루어 움직이지 않는다. 수은 속에 유리관을 넣었을 때는 관 속의 액체의 표면은 내려가지만 그림처럼 수은은 역시 움직이지 않는다.

<table>
<tr><td>문제</td></tr>
</table>

두 팔을 펼치고 하늘을 자유로이 날아다니거나 물 위를 재빨리 달리거나 하는 꿈을 꾼 사람은 많을 것이다. 땅 위를 터벅터벅 걷는 인간의 욕구불만이 꿈으로 나타나는 것인지도 모른다. 그런데 첩자를 다룬 읽을거리 등에 실제로 첩자가 해자(垓字)를 건너는 물거미라는 도구가 나온다. 넓이가 넓은 신발 같은 것으로 이것을 신고 물 위를 걸어 석축을 올라가서 성 안으로 몰래 숨어 들어간다. 이러한 신발이 있다면 현재의 세상에서도 아주 편리하다고 생각하지만 신발을 신고 물 위를 걸어가는 것이 정말 가능할까?

해답 41 아마 불가능할 것이다.

물에 뜨기 위해서는 어떠한 것이라도 어느 정도 수면 아래로 가라앉아 있지 않으면 안 된다. 수면 아래로 가라앉아 있는 부분의 부피를 물로 바꿔 놓은 무게와 떠 있는 것의 무게가 같을 때 비로소 물체는 뜰 수 있다. 인간의 무게는 같은 부피의 물의 무게와 거의 같다(이것을 인간의 비중이 1이라 한다).

인간이 뜨기 위해서는 신체의 대부분이 수면 아래에 있지 않으면 안 된다. 아무리 특수한 신발을 만든다 해도 신발의 부피가 그만큼 큰 것은 아니다. 첩자의 신발은 아마 상상의 소산은 아닐까.

다만 움직이고 있는 물체라면 이야기는 달라진다. 그 좋은 예가 수상 스키이다. 이때에는 물속에 있는 부분은 아주 약간이다. 그래서 첩자도 제방과 석축 사이에 밧줄을 걸쳐서 스키 모양의 것을 신고 밧줄을 쭉쭉 당겨서 수면을 건넌다는 것도 생각 못할 것은 아니다. 그러나 이때에는 모터보트 정도의 속력이 필요하고 아무리 첩자라 할지라도 자기 힘으로 그러한 속도를 내는 것은 불가능하지 않을까. 첫째 밧줄을 해자에 걸칠 수 있을 정도라면 적당한 방법으로 줄타기를 해서 가는 편이 빠를 것이다.

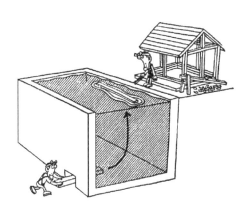

문제 위의 그림과 같은 건축현장에서 목수는 재목을 높은 곳으로 들어 올리도록 지시를 받았다. 사닥다리를 걸쳐서 메어 올려도 로프를 이용해도 아무튼 힘이 드는 일이다. 그런데 형편이 알맞게도 풀(Pool)의 하부에 꼭 재목이 지나갈 수 있을 만큼의 입구를 발견했다. 재목을 딱 맞게 입구에 대서 재빨리 풀의 바닥으로 밀어 넣고 곧 입구를 닫으면 물은 거의 흘러내리지 않는다. 재목은 물보다 가벼우므로 떠오른다. 즉 수고하지 않고 높은 장소에 재목을 들어 올릴 수 있는 것이다. 정말 이러한 멋진 이야기가 있을까?

멋진 이야기는커녕 오히려 일손을 손해 본다.

확실히 재목이 풀의 바닥으로 들어가 버리면 나머지는 수수방관하고 있어도 떠오른다. 그런데 밀어 넣는 것이 큰일이다.

물이 샌다, 새지 않는다는 것은 제쳐놓고 풀의 바닥에서는 물의 압력은 매우 크다. 이 큰 수압을 이겨내고 재목을 밀어 넣으려면 큰 에너지를 필요로 한다.

가령 재목의 부피를 $1m^3$라 해보자. 이 재목을 풀의 바닥에 밀어 넣는다는 것은 바꿔 말하자면 풀의 바닥에 있는 $1m^3$의 물을 풀의 표면까지 들어 올리는 것이라고 할 수 있다. 왜냐하면 풀의 바닥에서는 재목 때문에 $1m^3$의 물이 밀어내지는데 이 밀어내진 몫의 물은 풀의 수면을 올려주는 이외에는 갈 곳이 없다. 그리고 풀의 표면을 그만큼 올려준다는 일은 $1m^3$의 물을 표면까지 가지고 가는 것과 같다. $1m^3$의 물의 무게는 대략 1톤이다. 재목을 밀어 넣는데 필요한 에너지는 정확히 1톤의 물을 풀의 수면까지 들어 올리는 데 필요한 에너지와 같다. $1m^3$의 재목은 물론 1톤보다 가볍다. 따라서 공간 중에서 재목을 들어 올리는 편이 에너지가 적어도 된다.

43. 밑빠진 그릇

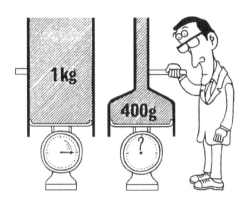

문제 그림의 왼쪽은 원통형, 오른쪽은 끝이 가는 굴뚝형의 용기이다. 이 용기들은 손잡이가 붙어서 고정되어 있다. 어느 쪽도 바닥은 저울의 받침 접시가 그대로 바닥으로 되어 있다. 그 때문에 바닥(받침 접시)은 기벽과는 고정되어 있지 않고 약간 상하로 움직일 수 있으나 바닥의 구석으로부터는 물이 새지 않도록 만들어져 있다. 그런데 왼쪽의 원통형 쪽에 1kg의 물을 넣는다. 그러면 저울은 1kg을 가리킨다. 다음으로 굴뚝형 쪽에 왼쪽과 같은 높이까지 물을 넣었더니 400g의 물이 들어간다. 이때 오른쪽 저울의 바늘은 몇 g을 가리키는가. 다만 양쪽 모두 바닥의 넓이는 같다.

1kg을 가리킨다.

물을 넣은 용기의 수면 높이가 같다면 바닥에 미치는 수압도 같다. 바닥 넓이도 같으므로 양쪽 모두 1kg을 가리킨다.

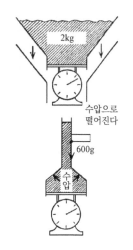

그러나 400g의 물을 올려놓았는데 1kg을 가리킨다면 나머지 600g은 어디서 온 것이 되는가. 이러한 것은 위 그림과 같이 위가 벌어진 용기를 생각하면 알기 쉽다. 이 경우 2kg 중 1kg은 저울이 부담하고 다른 1kg은 비낌의 기벽이 부담하고 있다. 따라서 이 그림에서 만일 손잡이가 없다면 용기는 수압으로 아래로 떨어져 버릴 것이다.

마찬가지로 굴뚝형의 용기에서는 만일 손잡이가 없다면 용기는 수압으로 올라가 버린다. 손잡이가 600g의 힘으로(정확히는 600g에서 용기의 무게를 뺀 것) 용기를 밀어내리고 있다. 따라서 저울에 1kg의 무게가 걸리는 것은 당연하다.

44. 되돌아오는 나무공

> **문제** 하부가 연결되어 있는 관이 있다. 그 한쪽에 물, 다른 쪽에 수은이 들어가 있다. 수은은 물과 비교해서 같은 부피로 13.6배나 무겁다. 그 때문에 수면은 높고 수은면은 낮아져서 균형을 이룬다. 무거운 수은이 가벼운 물을 높게 지탱하고 있는 셈이다. 여기서 나무공을 몇 갠가 만들어 물속에 집어넣는다. 부력으로 수면까지 올라온 나무공은 공간을 낙하하여 물레바퀴를 돌리고 수은 속으로 낙하한다. 나무공은 관의 바닥을 빠져나가 다시 물속을 부상하여 또 공중을 낙하한다. 이러한 식으로 언제까지나 순환하여 영구히 물레바퀴를 움직인다. 이러한 것이 정말 가능할까?

불가능하다. 나무공은 수은의 바닥까지 가라앉지 않는다.

만일 나무공이 관의 하부를 왼쪽으로 돌 수 있다면 확실히 부상하고 낙하하여 물레바퀴를 돌린다. 그런데 공중을 낙하하고 게다가 그 도중에 물레바퀴를 돌린 나무공은 도저히 수은의 하부까지 잠길 수는 없다. 수은은 매우 무거운 액체이고 나무공을 이 속에 잠기게 하려면 대단한 일손이 필요하다. 결국 밀도가 높은 것일수록 부력이 강력하게 되는 것을 알고 있는가 않는가가 이 문제의 열쇠가 된다. 문제와 같은 장치에서는 나무공은 오른쪽 수은의 표면 부근에 괴여 나무공도 물레바퀴도 움직이지 않게 된다.

만일 질문과 같은 운동이 가능하다면 에너지 불멸의 원리에 반하는 것은 명백하다. 이 이야기는 물의 표면과 수은의 표면의 높이의 차이를 이용하고 있다. 수은 쪽이 훨씬 무거우므로 높이의 차이가 생긴다. 무거운 액체에는 나무공은 가라앉기 어렵다. 예컨대 높은 곳으로부터 나무 조각을 물속에 낙하시켜서 일단 13cm 가량 가라앉았다 해도 같은 힘으로 수은 속에 떨어뜨렸을 때는 1cm도 가라앉지 않고 떠올라 버린다. 만일 문제와 같이 나무공을 순환시켜주고 싶으면 우리들은 나무공을 강력한 힘으로 수은 속에 밀어 넣지 않으면 안 된다. 결국 우리들이 일을 하지 않으면 물레바퀴는 돌지 않는다.

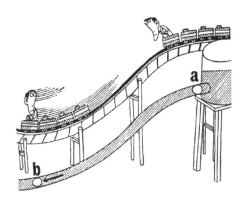

|문제| 유원지에서 눈에 띄는 제트 코스터는 수레를 기계로 일단 높은 장소에 끌어올려 거기서부터 중력을 이용해서 달리게 한다. 그 때문에 높은 곳에서는 느리고 낮은 장소에서는 제법 빠르게 질주한다. 만약 위의 아래 그림처럼 굵기가 똑같은 투명한 관 속에 물을 흐르게 하고, 이 관 속에 물과 비중이 다르지 않은 구슬을 넣는다면 구슬은 물의 흐름과 함께 움직일 것이다. 관의 높이는 높고 낮게 여러 가지로 변화하고 있다. 관 속을 달리는 구슬의 속도는 제트 코스터와 마찬가지로 높은 곳에서 느리고 낮은 곳에서 빨라지는가. 그렇지 않다면 어디서나 같은 속도일까?

어디서나 속도는 같다.

구슬의 속도는 곧 관 속의 물의 속도이다. 그래서 물의 속도가 관의 어느 부분에서도 같다는 것을 말하면 된다.

임의의 장소에 2개의 단면 A와 B를 생각한다. 그러면 관의 굵기는 똑같으므로 1초간에 A로부터 들어오는 물의 양과 B로부터 빠져나가는 물의 양은 같지 않으면 안 된다. 만일 같지 않다고 하면 물은 도중에서 약간 빠져나가거나 주입되고 있는 것이 되는데 원래 그러한 일은 없다. 따라서 단면적이 같으므로 A의 부분과 B의 부분에서 물의 속도는 같다. 단면 A와 B를 어디에 선정하여도 사정은 마찬가지이므로 결국 관의 어디서나 흐름의 속도는 같아진다.

제트 코스터는 낮은 곳에 왔을 때 위치에너지가 운동에너지로 변화하였다고 한다. 물의 경우는 낮아졌을 때 압력이 커진다. 이것은 그만큼 일을 할 능력이 커지는 것이고 결코 에너지 불멸의 법칙에는 반하지 않는다.

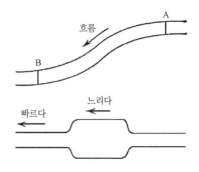

<table>
<tr><td>문제</td><td>보통의 수력발전으로 전기에너지를 얻을 수 있는 것은 결국 낮은 곳에서 물을 증발시켜 높은 곳으로 비를 내리게 하는 태양에</td></tr>
</table>

보통의 수력발전으로 전기에너지를 얻을 수 있는 것은 결국 낮은 곳에서 물을 증발시켜 높은 곳으로 비를 내리게 하는 태양에너지의 이용이다.

같은 수력발전이라도 바닷물의 간만(干滿)을 이용한 것이 있다. 밀물 때 바닷물을 저수지에 받아두고 썰물로 낙차를 이용해서 전기를 발생시킨다. 낙차는 작지만 바닷물의 양이 풍부하므로 큰 전력을 얻을 수 있다. 이 에너지의 공급원은 어딘가. 결국 발전소에서 이만큼의 전력을 얻기 위해서는 누군가가 그 몫만큼 에너지를 손해 보고 있을 것이다. 누구의 에너지를 소비하고 있는가.

지구의 자전에 의한 회전에너지를 탕진하고 있다.

에너지 보존의 법칙이라는 것이 있다. 누군가가 에너지를 받으면 그 몫만큼 반드시 누군가가 에너지를 잃고 있다. 그런데 바닷물의 밀물 썰물은 왜 일어나는가. 그 이유는 달과 지구의 상대 위치에 따른다.

위의 그림처럼 달 쪽과 그 반대쪽이 밀물, 이것과 직각 쪽이 썰물이다. 개략적으로 말하면 이러한 편평(扁平)한 모양의 물속을 지구는 자전하고 있다. 밖으로부터 인력이 작용하지 않고 수면이 구형이라면 물도 지구도 함께 회전하여 마찰은 없으나 바닷물의 한 방울 한 방울은 달의 인력으로 끌리기 때문에 그 일부는 지구와 함께 돌지 않는다. 그러나 물에는 점성(粘性)이 있기 때문에 결국 바닷물은 지구 회전의 브레이크로 되어 있다. 실제로 바닷물의 간만(干滿) 때문에 지구의 자전속도는 조금이나마 감소하고 있다. 바닷물이 해안이나 해안의 바위를 문질러서 일을 하는 몫만큼 지구의 회전에너지가 감소한다. 어차피 낭비할 바에야 전기라도 발생시켜 주자는 것이 바닷물의 간만을 이용한 발전이다.

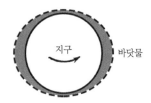

47. 짠 얼음

|문제| 빙산은 바닷물이 그대로 언 것은 아니고 오히려 육지의 빙하가 흘러나온 것이 많다. 이 때문에 빙산은 대부분 염분을 함유하고 있지 않다. 바닷물이 직접 언 것은 더 키가 낮은 유빙(流水)이 되는 것이 보통이다. 겨울철 홋카이도의 오호츠크해 연안에 빈틈없이 어는 얼음은 대부분 이것이다.

그런데 바닷물은 1,000g 중 35g 가량의 염분을 함유하고 있다. 그러면 바닷물이 직접 언 유빙에는 염분이 함유되어 있을까?

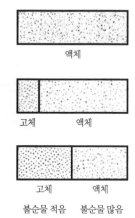

액체

고체 　액체

고체 　액체
불순물 적음　불순물 많음

해답 47 다소의 염분을 함유한다.

물질을 녹인 액체라도 온도가 내려가면 역시 언다. 만들어진 고체는 불순물을 함유하고 있지만 불순물의 농도는 순수한 액체의 경우와 같지는 않다. 식염수가 얼 때 염분은 계속 액체 쪽으로 밀어내져 상당히 순수한 얼음(1,000g중 염분이 1g 정도)이 만들어지지만 식염수가 얼음과 얼음 사이에 갇혀 거듭 기온이 내려가면 식염수가 도망갈 장소가 없어져서 그대로 언다. 이 때문에 실제의 유빙은 1,000g 중 5g 내외의 염분을 가지게 된다.

게르마늄이나 실리콘을 재료로 하여 트랜지스터가 만들어진다. 천연의 게르마늄은 불순물이 매우 많다. 불순물이 적은 게르마늄이나 실리콘을 만들 때 이 원리가 응용된다. 재료를 일단 녹이고 다시 가장자리부터 고체로 만들어 가면 불순물은 액체 속으로 밀려 나간다. 불순물이 많아진 부분은 버린다. 몇 번씩 같은 조작을 반복하면 99.99999999%(이를테면 텐 나인)처럼 순도가 높은 것이 만들어진다.

　액체나 기체에 관계되는 역학을 유체역학이라든가 수역학이라 한다. 이 중에서「짠 얼음」만은 특별하여 오히려 물리화학의 문제이다.

　유체역학에서는 언제나 압력이 문제가 된다. 고체에서 힘은 아래를 향해서 작용하고 있으나 유체에서는 사방팔방으로 같은 압력이 작용한다. 다만 깊은 곳에서는 크고, 낮은 곳에서는 작다. 이러한 것을 이용해서 영구기관(永久機關)의 패러독스가 생긴다.

　현재도 특허청에 1년에 몇 건의 영구기관이 신청된다는 이야기다. 물론 검토해 보면 반드시 어딘가가 잘못되어 있다. 이 퍼즐에서도「기어오르는 물」,「나머지는 물에 맡기다」,「되돌아오는 나무공」,「조력발전의 결산 결과」, 거듭 뒤에 언급하는 전자기(電磁氣)를 이용한「멈추지 않는 원반」,「물속에서는 싫어하지 않는다」는 모두 영구기관에 관계되는 것이다.

　그리고 해답에서 영구기관은 모두 부정돼 버렸다. 그러나 개 중에는 상당히 알기 어려운 것도 있다. 그래서 다음과 같은 영구기관은 어디에 잘못이 있는지 생각해 보자.

양동이가 붙은 벨트

　〈그림 1〉처럼 2개의 회전할 수 있는 원통이 상하로 고정되어 있고 이것에 벨트가 걸려 있다. 벨트에는 양동이가 붙어 있다. 양동이의 뚜껑은 매우 탄력성이 있는 고무로 만들어졌고 고무 뚜껑의 한가운데에는 매우 무거운 추가 붙어 있다. 벨트의 오른쪽에서 뚜껑은 아래쪽으로, 벨트의 왼쪽에서 뚜껑은 위쪽이 된

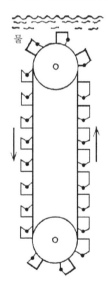

물

그림1 | 어떤 영구기관

다. 추 때문에 오른쪽에서는 양동이 안의 부피는 크고 왼쪽에서는 작다. 이 장치가 전부 물속에 들어가 있다고 하자. 오른쪽의 양동이에는 큰 부력이, 왼쪽에는 작은 부력이 작용한다. 따라서 물은 오른쪽의 벨트를 보다 강하게 밀어 올리려 하고 벨트는 반시계방향으로 돌 것이다. 아무리 돌려도 사정은 달라지지 않는다. 빙빙 어디까지라도 돈다. 훌륭한 영구기관이다.

어디에 속임수가 있는가

영구기관이라는 것은 물론 거짓말이다. 그러면 어디에 속임수가 있는가. 이것을 좀처럼 간파할 수 없다.

어떤 사람은 양동이 안에 공기가 있으니까 그림과 같이는 되지 않을 것이라고 말한다. 그러나 그것은 잘못되어 있다. 극단적인 경우로서 양동이속을 진공이라 해보자. 왼쪽의 양동이는 물론 납작해진다(즉 고무 뚜껑이 완전히 양동이의 안쪽에 붙는다). 그러나 양동이 뚜껑의 넓이를 가령 10cm², 추를 10kg 이상이라 하면(이러한 무거운 추를 붙이는 것은 조금 무리지만, 이치상으로 생각해도, 조금도 지장이 없다). 추 때문에 오른쪽의 양동이는 진공 부분이 생긴다. 따라서 그림처럼 오른쪽의 부피는 크고 왼쪽에서 작다는 것은 충분히 일어나는 일이다.

어떤 사람은 또 말한다. 깊이가 다르면 수압이 다르다. 깊은 곳일수록 부피가 작다. 그 영향 때문에 돌지 않는 것이 아닌가라고. 그러나 이 설도 이상하다. 부피가 작아지는 것은 오른쪽도 왼쪽도 마찬가지다. 추를 훨씬 무겁게 하면 얕고 깊은 것에 따른 부피의 차이는 문제가 되지 않는다.

궁한 나머지 도르래에 마찰이 있기 때문에 돌기 어렵다든가, 물에 점성이 있기 때문에 움직이기 곤란하다고 말을 꺼내는 사람이 있다. 그러나 영구기관을 논할 때 마찰이나 점성을 들먹이는 것은 바르지 못한 방법이다. 마찰이 있다면 그것으로 괜찮다. 거기에 열이 발생하기 때문에 힘들이지 않고 열을 얻는다. 마찰이나 점성을 고려해도 결코 영구기관을 부정하는 것이 되지 않는다.

육상의 장치로 고쳐 보자

수중의 기계에는 그다지 익숙하지 않으므로 이야기가 까다로워진다. 그래서 육상의 장치로 고쳐본다. 만일 물속의 것이 영구히 움직이는 기계라고 한다면 그것을 전부 육상의 것으로 바꿔 놓으면 〈그림 2〉처럼 된다. 벨트의 오른쪽에서는 무겁고 왼쪽에서는 가볍다. 이것은 물론 시계방향으로 돈다. 그러나 결코 영구기관은 아니다. 벨트를 돌리는 보상으로서 높은 곳의 구슬을 아래로 떨어뜨리고 있다. 구슬의 위치에너지가 손해를 보고 있는 것이다. 그러나 물속의 경우에는 이러한 구슬은 없다. 따라서 돌리가 없다. 우선 이 언저리 부분부터 생각하기 시작하는 것이 좋을 것 같다.

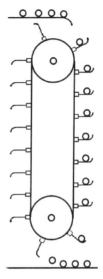

그림 2 | 물에 오른 벨트

힘과 에너지

힘으로 생각해서 알기 어려울 때는 위치에너지로 고쳐서 보면 된다. 높은 곳에 있는 것은 낮은 곳의 것보다 위치에너지가 크다고 한다. 그리고 힘이란 자연이 위치에너지를 감소시키려 하고 있는 경향을 말한다. 높은 곳의 것은 낮은 장소로 향하려고 한다. 이것이 힘이다. 늘인 용수철은 위치에너지가 크다. 오그라들어 에너지가 작아지려고 한다. 이것이 힘이다.

육상과 수중에서의 위치에너지

육상에서는 같은 질량의 것은 높으면 높을수록 위치에너지가 크다. 그

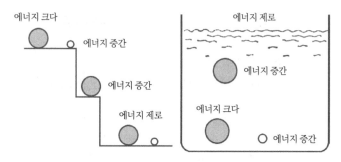

그림 3 ㅣ 위치에너지의 크고 작음

러나 질량이 다르면 같은 높이라도 질량이 클수록 위치에너지가 크다. 요컨대 위치에너지는 높이가 높을수록, 질량이 클수록 크다. 이 양쪽에 관계하고 있다.

다음으로 물속에서는 어떨까. 물속에 거품이 있을 때(거품이 아니라도 가벼운 용기에 들어간 공기라도 된다) 거품은 깊은 곳에 있을수록 위치에너지는 크다(그림 3). 꼭 육상의 경우와 반대로 생각하면 된다. 그러나 깊이가 같다면 거품이 클수록 위치에너지는 크다. 육상의 경우와 마찬가지로 깊이와 거품의 크기의 양쪽이 위치에너지의 크기를 결정한다.

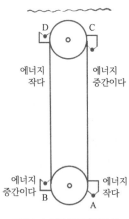

그림 4 ㅣ 어떤 영구기관의 위치에너지

양동이의 위치에너지

최초의 문제로 이야기를 되돌리자. 〈그림 4〉와 같이 A, B, C, D의 각 점에 양동이가 있을 때 각각의 위치에너지를 생각해 본다.

A 깊고 부피는 크다 에너지 크다
B 깊고 부피는 작다 에너지 중간

C 얇고 부피는 크다 에너지 중간

D 얇고 부피는 작다 에너지 작다

라는 것이 된다.

B와 C에서 어느 쪽이 에너지가 큰지는 일괄적으로 말할 수 없다. 벨트의 길이나 양동이의 크기, 고무의 탄성, 추의 무게 등과 복잡하게 관계가 있다. 그러나 아무튼 A점에 있을 때 가장 위치에너지가 크고 D점에서 가장 작은 것은 확실하다.

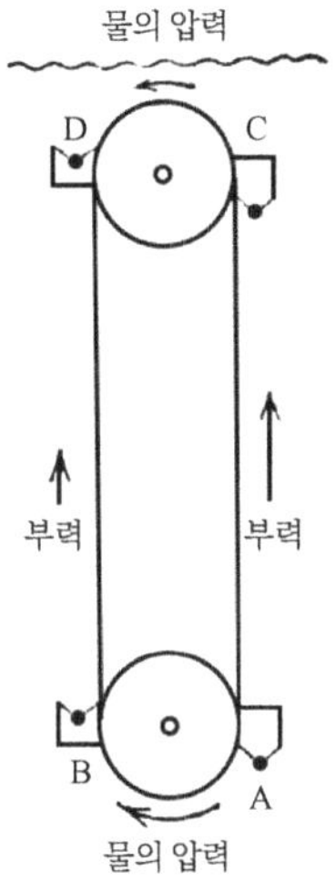

에너지를 보다 작게

앞에서 언급한 것처럼 자연계에 있는 것은 내버려 두면 에너지가 작아지려고 한다. 〈그림 5〉

그림 5 ㅣ 수압과 부력

의 A점에 있는 양동이는 C점에 가려고 한다. 이것이 부력이다. 그런데 B점도 A점보다 위치에너지가 작다. 따라서 A점의 양동이는 B점으로도 가려하고 있다. 이것은 물의 압력 때문이다. A형의 양동이는 가능한 것이라면 B형으로 되고 싶어 한다. 빈틈만 있으면 A점에 있는 양동이는 B점으로 달려가려 하고 있다. 이를 잊어서는 안 된다.

그렇다면 벨트에 양동이가 하나만 있고 그것이 A점에 있다면 어떻게 되는가. 이것은 마치 산의 꼭대기에 구슬을 올려놓으면 어느 쪽으로 굴러가는가 하는 문제와 같다. 정말로 꼭대기에 올려놓으면 불안정한 균형이 이루어지지만 조금이라도 벗어나면 그쪽 방향으로 데굴데굴 굴러간다. A점의 양동이도 그대로는 아마 C쪽으로 달리겠지만 다소나마 도르래의 아래로 기어들게 하여 손을 떼면 B쪽으로 갈 것이다. 그리고 C를 경유해도, B를 경유해도 마지막에는 D점으로 막다른다. A점이 산꼭대기, D점이 골짜기의 밑바닥, B와 C는 산중턱에 해당한다.

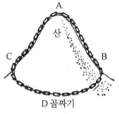

그림 6 ｜ 고리모양의 사슬

에너지를 힘으로 고친다

위치에너지에 대해서 정확한 지식을 얻었으므로 나머지는 힘으로 고치기만 하면 된다. 확실히 A → C에는 큰 힘, B→D에는 작은 힘이 작용하고 있다. 그런데 A → B에 큰 힘, C → D에 작은 힘이 작용하고 있는 것이다. 물속 깊게, 벨트가 길어지면 힘의 차이도 함께 커진다. 결국 이 4개의 힘은 상쇄되고 있는 것이 된다. 산과 골짜기의 사이에 2개의 경로를 거쳐 고리 모양의 사슬을 놓아도 그 사슬이 움직이지 않는 것은 당연하다. 이 장치를 영구기관으로 잘못 본 것은 A에서 B로의 힘 및 C에서 D로의 힘을 간과했기 때문이다.

제5장

빛과 소리

48. 없어진 바나나

문제 준호 군은 친구들이 불러서 바나나를 방에 놓아둔 채로 나가려
고 했다. 그런데 조금 뒤에 먹성 좋은 세 사람이 올 예정이라는
것이 문득 생각났다. 그래서 바나나를 병풍 뒤에 숨겨 두었다.

이윽고 영자, 순자, 말자가 방에 들어왔다. 세 사람은 그림과 같이 앉아
있었는데 방의 구석에 거울이 있는 것을 준호 군은 알아차리지 못했다. 세
사람 중의 한 사람이 거울에 비친 바나나를 발견하여 먹었다. 바나나를 발
견한 것은 누구일까?

순자

　　A를 바나나의 위치라 하면 A에서 거울의 면(또는 거울의 면의 연장선)에 직각으로 선을 긋고 같은 길이의 곳을 A′라 한다. A와 A′를 잇는 선이 그림처럼 거울로부터 벗어나도 상관없다. 아무튼 A′가 바나나의 상(像)의 위치이다. 이 상을 거울을 통해 볼 수 있는 장소는 A′에서 거울의 양끝에 걸쳐서 그은 점선의 안쪽이다. 순자만이 거울 속의 상 A′를 볼 수 있는데 영자가 있는 곳에서도, 말자가 있는 데에서도 바나나의 위치는 거울에 비치지 않는다.

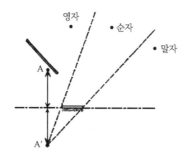

<table>
<tr><td>문제</td></tr>
</table>

새로운 혜성을 발견해 보려는 것도 아닌데 정남 군은 천체망원경을 만들었다. 상하가 거꾸로 보이기 때문에 지상의 것을 볼 때는 약간 불편하지만 그래도 멀리 있는 남산타워도 뚜렷이 볼 수 있다. 그런데 실수로 망원경을 마룻바닥에 떨어뜨려 가장 큰 렌즈(정확히 말하면 대물렌즈)의 아랫부분 절반이 깨져 버렸다. 하는 수 없이 아랫부분 절반에 종이를 바르고 윗 부분 절반의 렌즈만을 활용해서 들여다보기로 하였다. 렌즈가 깨지기 전에는 거꾸로 선 타워의 전경을 볼 수 있었다. 그렇다면 이 깨진 망원경으로 들여다보면 위의 세 가지 그림 중의 어느 것으로 보이는가.

가장 왼쪽의 그림이다.

타워의 상부로부터 온 빛은 렌즈 전체를 통과해서
상을 잇는다. 하부로부터 온 빛도 마찬가지다. 렌즈를
통과해서 상을 만드는 빛이라는 것은 렌즈의 모든 부분
을 지나서 오는 것이다. 렌즈가 절반이 되어도 그 기능
에는 변화가 없다. 다만 입사광(入射光)의 양이 절반이
되므로 시계(視界)는 어두워진다. 카메라의 조리개도
마찬가지다. 조리개의 구경을 작게 줄였다고 해서 풍
경의 한가운데 부분만 비치는 일은 없다.

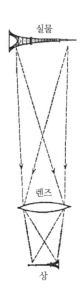

50. 원자폭탄 용서하지 않겠다

나가사키 시의 남부에는 글라바 저택, 오우라 천주당, 네덜란드 언덕 등이 있다. 시의 북부에는 원자폭탄의 흔적이 생생하게 남아 있는데, 여기에 세워진 평화의 상은 오른손을 높이 들어 원자폭탄의 폭발점을 가리키고 왼손은 가로로 뻗어 평화를 나타내고 있다. 항구를 출발하여 앞바다로 향하는 잠수함 속에서 함장이 그림과 같은 ㄷ자형 잠망경(실제로 있는지 어떤지는 모르지만)을 사용해서 평화의 상에 등을 돌리고 그 상을 정면으로 바라보았다. 빛은 거울에서 2회 굴절하여 눈에 들어오는 것이다. 함장이 잠망경으로 보는 상은 A, B, C, D 중 어느 것일까?

C이다.

이러한 문제는 작도를 해서 확인해 보는 것이 가장 좋다. 상의 상부로부터 나온 빛은 관측자의 눈에 들어올 때는 아래, 아래쪽으로부터 나온 빛은 반대로 위가 된다. 이것으로 상하가 바뀐다. 그림에서 자기 앞쪽이 수평의 왼손, 이 책의 지면 저쪽이 상의 오른손이다. 가령 두 개의 거울로 반사해도 자기 앞쪽은 어디까지나 자기 앞쪽, 저쪽은 저쪽이다. 이것을 관측자가 보면 <u>마주 보고</u> 왼쪽이 상의 왼손, 마주 보고 오른쪽이 상의 오른손이 된다. 앞 페이지의 C가 이에 해당한다. 일반적으로 거울 속의 상은 좌우가 거꾸로인데 이 상은 거꾸로 되어 있으나 실물과 마찬가지로 오른손을 들고 있다.

그러면 문제의 잠망경이 만일 수평으로 놓여 있다면 어떻게 되는가. 즉 위에서 보아 ㄷ자일 때 본 상은 A, B, C, D의 어느 것이 되는가. 이 경우는 위는 위, 아래는 아래이고 상하는 거꾸로 되지 않는다. 오른손은 관측자에 대해서 마주 보고 왼쪽, 왼손은 마주 보고 오른쪽이 된다. 즉 A처럼 되고 전혀 거울을 통하지 않고 보았을 때와 같아진다.

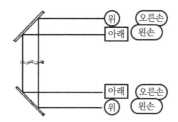

<table>
<tr><td>문제</td><td>점포 안을 넓게 보이기 위해서 다방이라든가 과일가게 등에서 안쪽의 벽을 거울로 해 놓는 일이 있다. 사방의 벽 중에서 그 하</td></tr>
</table>

점포 안을 넓게 보이기 위해서 다방이라든가 과일가게 등에서 안쪽의 벽을 거울로 해 놓는 일이 있다. 사방의 벽 중에서 그 하나의 면을 전부 거울로 하면 언뜻 보면 점포의 넓이는 두 배로 보인다.

어느 과일가게가 욕심을 부려 벽의 두 면과 천장을 거울로 해버렸다. 위의 그림에서 M_1과 M_2는 거울로 한 벽이고 이 두면은 물론 직각이다. M_3는 거울로 한 천장이다. 이때 점포 안에 1개의 사과를 놓으면 거울에 비쳐 보이는 사과의 상은 전부 몇 개일까.

3개 등이라고 대답하면 과일가게 주인이 비웃는다.

7개이다.

(가) 간단한 사고 방법

먼저 1개의 거울로 방의 넓이가 2배가 된다. 또

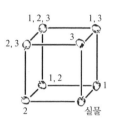

하나의 거울로 4배, 거듭 또 하나의 거울로 8배가
된다. 각 방에는 사과가 1개씩 있으므로 합계 8개
이다. 그중 1개가 실물이고 나머지 7개가 상이 된다.

(나) 건실한 사고 방법

그림의 실물과 1과의 거리는 사과와 거울 M_1과의 거리의 2배를 잡는
다. 실물과 2, 실물과 3과의 거리도 마찬가지로 사과와 M_2, 사과와 M_3의
거리의 2배이다. 이 3개의 선을 모서리[稜]로 하는 직육면체를 그리고 그
꼭짓점에 사과를 그린다. 거울에 비친 상이라는 것은 반드시 거울의 저쪽
에 같은 거리의 곳에 생긴다. 그래서 그림의 장소에는 반드시 상이 생기고
그림 이외의 곳에는 절대로 상이 생기지 않는다. 8개 중 1개가 실물이고
나머지 7개가 상이다.

상에 붙인 숫자 1은 빛이 거울 M_1에서 반사한 것, 1, 2는 M_1과 M_2에서
반사해서 생긴 상이다. 이 경우 사과로부터 나온 빛이 먼저 M_1에서 반사하
고 나중에 M_2에서 반사해도, 또는 이 반대라도 상은 1, 2의 위치에 생긴다.
3개의 거울에서 반사한 것은 1, 2, 3의 위치에 상이 생긴다.

문제 이것은 어떤 작은 영주(領主)의 가보로서 대대로 전해져 내려온 것이다. 쇠로 만든 원통형 용기 위에 용(龍)이 부착된 쇠로 만든 뚜껑이 4개의 다리로 튼튼하게 원통에 고정되어 있다.

그런데 10몇 대째인가 색다른 것을 좋아하는 영주가 이 가보인 원통의 안쪽 바닥에 그때까지는 소문뿐이었던 묻어서 감춘 막대한 금의 소재(있는 곳)가 적혀 있음을 발견했다. 그냥 볼 때는 뚜껑이 방해가 되어 바닥은 보이지 않는다. 하물며 가보를 부숴서 본다는 것은 불가능했다. 그는 어떻게 해서 바닥을 들여다 본 것일까.

그는 원통의 용기에 물을 넣었다.

10몇 대째인가의 영주는 무심코 이 용기에
물을 넣어 보았다. 그랬더니 지금까지 보이지않
았던 바닥이 원통과 뚜껑 사이로 보인 것이다.

공기 중에서 물속으로 들어가는 빛은 수면
에서 굴절한다. 마찬가지로 물속에서 공기 중
으로 나오는 빛도 그림처럼 굴절한다. 따라서
지금까지 볼 수 없었던 바닥의 중앙부는 물을
넣음으로써 마치 바닥이 떠오르는 것처럼 비
스듬히 위쪽으로부터 볼 수 있다. 비밀을 지키
려고 한 선조의 지혜가 이러한 용기를 만들어
낸 것이다.

물

보인다

보이지 않는다

53. 누드 술잔

문제 온천장 등을 거닐면 이따금 이러한 형태의 술잔을 팔고 있다. 위에서 들여다보면 유리의 아래쪽에 무언가 어른거리는 것처럼 보이지만 전혀 무엇인지 알 수 없다. 그런데 술을 따르면 술잔 바닥의 사진을 뚜렷하게 알 수 있다. 이 구조는 아마 빛의 굴절을 이용하고 있는 것일 것이다. 어느 식자가 이 잔을 잡고 잔의 바닥으로부터 나온 빛은 액체가 없을 때는 잔의 <u>테두리</u>에 부딪혀 위에서는 보이지 않는다고 했다. 그렇다면 테두리를 없애 버리면 술이 없어도 사진은 보인다는 것이다. 과연 그럴까?

테두리를 없애도 사진은 보이지 않는다.

이 술잔은 그림과 같은 구조로 되어 있고 반원형으로 보인 유리는 볼록렌즈(정확히 말하면 평철렌즈—한쪽이 평평하고 다른 면이 볼록)이다. 즉 확대경으로 사진을 보도록 되어 있다. 그런데 렌즈와 사진은 5mm가량 떨어져 있고 이 렌즈로 5mm는 너무 멀다. 사진을 렌즈에 근접시키면 뚜렷하게 보이지만 양자 모두 고정되어 있다.

술을 넣으면 술은 오목렌즈(평요렌즈)의 역할을 한다. 액체의 굴절률은 유리보다 작으므로 유리만큼 강한 렌즈는 되지 않겠지만 아무튼 볼록렌즈에 오목렌즈를 포갬으로써 볼록렌즈의 성능을 약화시켜 5mm 거리의 사진이 뚜렷해진다. 근시인 사람이 콘택트렌즈(술이 이에 해당한다)를 꼈다고 생각하면 방향과 관계되는 것은 아니다.

볼록렌즈(유리)

보이지 않는다

보인다

오목렌즈(술)

보인다

유리

사진

문제 빛은 물리적으로는 파도이고 그 파도의 길이(파장) 차이가 색깔의 차이가 된다. 물론 색깔은 파장의 변화에 따라서 서서히 바뀌어 간다. 예컨대 초록과 노랑의 경계선 등이 있는 것은 아니고 어느 사이에 변천한다.

나는 핑크색을 아주 좋아한다. 그런데 파장으로 분류한 색의 계열에 핑크는 없다. 물리학자와 화가에게 의뢰하여 이 계열에 색칠을 해도 핑크다운 것은 어디에도 없다. 핑크도 <u>훌륭한</u> 색인데 왜 색의 계열에 들어갈 수 없는가.

이 계열은 결코 눈에 비치는 색의 모든 버라이어티를 나타내는 것은 아니다. 색이란 이 계열과 백색의 혼합이다.

우리들의 눈에 비치는 색이라는 것은 이 계열에서 나타낼 수 있는 것보다 훨씬 다양하다. 이 계열에는 핑크색은 말할 것도 없이 하늘색, 연황색, 연녹색 등 이를테면 연한(또는 흰빛을 띤) 색은 하나도 없다. 확실히 녹색과 연녹색은 다른 색이다. 그러나 모든 색은 이 계열과 백색의 혼합으로서 해석할 수 있다.

그래서 그림처럼 원을 그리고 중심을 백색이라 한다. 원둘레를 따라서 이 계열에서 보인 색을 배열해 간다. 원둘레에 가까울수록 그 특유의 색깔을 띠고 있고(원둘레 위의 색을 포화색이라 한다) 중심에 접근할수록 흰빛을 띤다. 녹색과 백색의 중간은 연녹색이다. 눈에 비치는 모든 색의 차이를 다할 수 있다. 원둘레를 따른 차이를 색상이라 하고 반지름방향의 차이를 포화도 또는 순도, 때로는 색도(色度)라 한다. 적색과 핑크색은 색상은 같아도 포화도가 다른 것이다.

<table>
<tr><td>문제</td></tr>
</table>

회색의 하늘, 회색의 생활, 회색의 인생. 침울한, 허무한, 때로는 절망적인 상태에 대해서 회색이라는 말을 사용한다. 이만큼 기분의 비유에 사용되는 이상 회색은 색의 일종임에 틀림없다. 쥐는 회색이고 크레용에도 회색이 있다. 실제로 양복점에 가면 회색의 천은 산더미처럼 쌓여 있다.

그런데 앞에서의 문제에서 색상, 포화도를 아울러 그린 원의 어디를 찾아도 회색은 없다. 모든 색채감각은 이 원의 어딘가에 있다고 말했는데 그것은 거짓말인가?

해답 55 물리적으로는 회색은 존재하지 않는다.

감각적으로 회색은 존재하지만 물리적으로(정확히 말하면 색상과 포화도의 조합에서는) 회색이라는 것은 존재하지 않는다. 하지만 인간의 눈에 회색은 틀림없이 보이는 것이 아닌가, 그렇다면 그것은 무엇인가, 라는 생각이 들지도 모른다. 그러나 그것은 물리적으로 표현하면 백색이다.

색의 감각은 색상과 포화도로 결정된다. 그런데 또 하나 빛의 강도라는 요소가 있다. 보통은 적색의 강도가 아무리 강해도 적색은 어디까지나 적색이다. 연녹색은 어디까지나 연녹색이다. 다만 강도를 떨어뜨리면 연녹색은 어두워지지만(따라서 거무스름하게 보인다) 결코 진한 녹색이 되는 것은 아니다. 앞의 문제의 원 안에 있는 하나의 색을 강하게 하거나 약하게 하거나 하면 밝아지거나 어두워지거나 하지만 색상이나 포화도가 바뀌는 것은 아니다.

그런데 한가운데의 백색의 강도를 약하게 하면 차츰 회색이 된다. 회색은 어두운 백색인 것이다. 더 강도를 떨어뜨리면 흑색이 된다. 이러한 의미에서 흑색도 색은 아니다. 다만 약한 빛을 보았을 때 눈이 느끼는 감각을 말한다. 회색은 어두운 백색이지만 흑색은 온갖 색의 가장 어두운 상태이다.

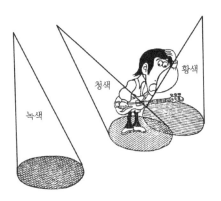

문제 어떤 물체로부터 1만 분의 5mm의 광파가 다가오면 우리 눈에는 녹색으로 보인다. 다음으로 별개의 물체로부터 1만 분의 5.8mm의 광파(황색)와 1만 분의 4.7mm(청색)의 광파가 동시에 다가왔다고 하자. 이때에도 우리들에게는 녹색으로 보인다.

피아노의 도, 레, 미를 동시에 누르면 누구라도 도, 레, 미의 혼합음이라고 알아듣는다. 그러면 색에 대해서도 눈을 충분히 훈련시킴으로써 이쪽의 녹색은 순수한(즉 파장 1만 분의 5mm만의) 녹색, 이쪽의 녹색은 황색과 청색의 혼합이라는 것처럼 분간할 수 있을까?

색을 분간하는 것은 불가능하다.

이 문제는 결국 인간의 기관인 귀와
눈의 기구(機構)의 차이가 된다. 소리의
경우는 고막의 진동이 안쪽 깊숙한 곳에
있는 달팽이관에 전달되어 그 속의 기저
막을 진동시킨다. 기저막은 긴 것으로부

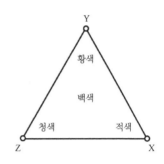

터 짧은 것까지 1만 개 이상의 현(弦)을 배열한 것 같은 구조로 되어 있고,
들어오는 소리에 대해서 적당한 길이의 기저막만이 공명 진동한다. 이 때
문에 높이가 다른 소리를 분해할 뿐만 아니라 음색(音色)의 차이까지 분해
해 버린다.

색의 경우는 눈이 받는 감각은 그림과 같이 청, 황, 적의 3개밖에 없다.
〈문제 54〉에서는 원형으로 그렸으나 정확히는 삼각형에 가깝다. 청색과
황색의 광파가 다가오면 청색과 황색의 감각이 자극되어 중간의 녹색을
느낀다. 녹색만의 광파가 다가와도 역시 청색과 황색의 감각이 자극된다.
이것으로는 양자를 식별할 수 없다. 황색과 적색이 자극되면 주황색으로
느끼고 적, 황, 청이 같은 정도로 강하게 자극되면 삼각형의 중심의 백색
으로 느낀다. 황색의 빛이 조금, 청색의 빛이 조금, 적색의 빛이 많으면 핑
크색을 느낀다. 눈은 귀와는 달리 색을 분해하는 능력이 없다.

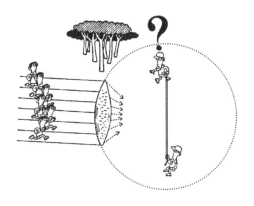

문제 그림과 같이 출발점에서 똑바로 코스가 뻗어 있으나 도중에 연못이 있다. 이 연못의 가장자리는 원둘레의 일부이고 양쪽 모두 같은 크기의 원이다. 연못 속을 헤엄칠 때는 같은 거리의 육상을 달리는 것보다도 꼭 2배의 시간이 걸린다. 코스의 양끝의 선수는 연못이 짧고 한가운데의 코스에서는 연못이 길다. 이는 불공평하다. 그 때문에 결승점은 하나의 점으로 하여 연못에서 나와서부터 결승점까지의 거리를 양끝은 길고 한가운데는 짧게 해준다.

그러면 어디에 결승점을 설정하면 코스의 차이에 따른 불공평이 없어질까?

해답 57 연못의 중심과 원의 중심의 정확히 중간에 결승점을 설정하면 공평해진다.

이 문제를 기하학을 사용해서 정면으로 풀어 가는 것은 매우 번거롭다. 그러나 이것이 빛과 렌즈를 경주에 비유한 것이라는 것을 간파하면 그쪽으로부터 답을 찾을 수 있다. 연못은 굴절률 2의 렌즈에 해당한다. 빛은 A점에서 B점에 가는 데에 가장 소요시간이 적은 길을 지난다. 이러한 것으로부터 오른쪽의 그림에서 보는 것처럼 반사나 굴절의 법칙을 유도해 낼 수 있다.

렌즈의 경우 물체로부터 상에 이르는 시간은 렌즈의 어느 부분을 지나도 같다. 중앙부에서는 거리는 짧지만 달리기 어려운 렌즈 속을 많이 지나지 않으면 안 된다. 소요 시간이 같기에 빛은 A′에 모이고 여기에 상이 생긴다. 문제의 연못의 중심과 결승점의 거리는 이른바 초점거리이다. 평행으로 온 빛은 초점에 모인다.

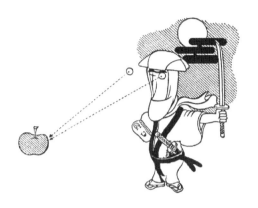

|문제| 단게사젠(丹下左膳)은 오른팔과 오른쪽 눈이 없다. 그럼에도 불구하고 애용하는 호도(豪刀) '비에 젖은 제비'는 적을 잘못 벤 일이 없다.

인간이 눈으로 물체를 보고 그 원근을 판단할 수 있는 것은 눈이 두 개 있기 때문이라고 일컬어지고 있다. 그림과 같이 하나의 물체를 두 눈으로 볼 때 시선은 약간이나마 서로 안쪽을 향한다. 측거의(測距儀, Macrome-ter) 등은 이 원리를 응용해서 거리를 측정한다. 확실히 한쪽 눈을 다쳐서 안대 등을 하면 가깝고 먼 것이 뚜렷하지 않게 된다. 단게사젠은 몹시 강하지만 하나의 눈만으로 물체의 원근의 판단을 할 수 있을까?

수정체 얇다

수정체 두껍다

해답 58 | 하나의 눈으로도 어느 정도는 멀고 가까운 판단을 할 수 있다.

기하학적으로 생각하는 한 물체까지의 거리를 알기 위해서는 두 개의 눈이 필요하다. 그런데 광학적인 이유로 하나의 눈으로도 다소는 원근을 알 수 있다.

카메라에서는 먼 경치를 찍을 때는 렌즈를 뒤로 물리고 가까운 경치는 렌즈를 앞으로 내서 필름에 선명한 상이 비치도록 한다. 그런데 눈에서는 수정체와 망막의 거리가 고정되어 있다. 그 대신 먼 경치를 볼 때는 수정체가 얇아지고 가까운 경치일 때는 두꺼워진다. 수정체의 형태를 바꾸는 것은 이것을 잡아당기고 있는 섬모체근이라는 근육이다. 이 근육의 움직임이 신경을 통해서 뇌에 전달된다. 먼 경치에 눈을 돌릴 때 섬모체근은 습관적으로 긴장한다(이 조작이 마음대로 되지 않는 것이 근시이다). 이때 뇌는 지금 섬모체근이 긴장상태임을 인지하게 되고 따라서 지금 보고 있는 것이 먼 경치라고 판단한다. 이러한 까닭으로 두 눈일 때보다는 훨씬 정밀도는 떨어지지만 한쪽 눈으로도 원근은 알 수 있다.

<table><tr><td>문제</td></tr></table>
어느 날 영태가 학교의 응접실 청소를 하는데 방문객이 재떨이에 불이 붙은 담배를 피우다 남긴 채로 돌아갔다.

그래서 영태가 그 담배를 뻐끔뻐끔 피고 있었는데 다가오는 것은 무서운 체육교사의 발소리였다. 영태는 당황하여 담배를 재떨이에 되돌려 놓고 모르는 체하고 청소를 시작했다.

그러나 들어온 체육교사는 자욱하게 낀 연기의 색깔을 보고 그 연기가 담배꽁초에서 나온 것과는 다르다고 한다. 도대체 어떻게 다른 것인가?

해답 59 담배에서 직접 나온 연기는 입자가 작고 보라색으로, 입에서 나온 연기는 입자가 크고 백색으로 보인다.

연기라는 것은 많은 경우 탄소와 그 밖의 것으로 구성되어 있는 입자이다. 공장 굴뚝 등에서 나온 연기의 입자 크기는 가지각색이지만 담배 연기의 경우 입자의 지름은 1만 분의 수mm 정도의 것이 많다. 빛이 물체에 충돌할 때 물체가 크면 빛은 산란하지만 물체가 빛의 파장과 같은 정도 또는 그것보다 작으면 빛은 물체의 방해를 받지 않고 직진한다. 담배에서 직접 나온 연기에서는 파장이 짧은 보라나 청색만이 산란되어 눈에는 푸르스름하게 보인다.

그런데 일단 입이나 폐에 들어간 입자는 주위에 물이 붙어 크기는 1,000분의 수mm(즉 물이 없을 경우의 10배가량) 정도가 된다. 입자가 이렇게 커지면 온갖 파장의 빛을 산란한다. 눈은 온갖 색을 동시에 받아 연기는 하얗게 보인다. 이처럼 직접 나오는 연기와 한번 흡입한 연기에서는 입자의 크기가 다르기 때문에 색도 달라진다. 영태의 변명이 통하지 않았던 것은 물론이다.

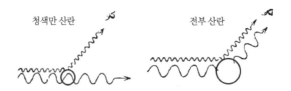

청색만 산란   전부 산란

60. 라이트에 눈이 침침해지다

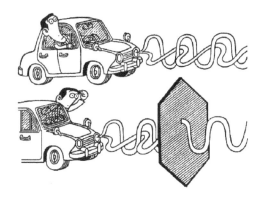

빛은 파도이다. 그리고 예컨대 위의 그림처럼 상하로 흔들리고 있는 파도와 좌우로 흔들리고 있는 파도 두 가지가 있다고 생각하면 된다. 빛을 전자석과 같은 물체(이것을 편광판이라 한다)에 대면 한쪽의 흔들림만을 통과시키고 다른 흔들림은 거기서 차단해 버린다. 이렇게 하여 한쪽만의 흔들림이 된 빛을 편광이라 한다.

그런데 야간에 자동차를 몰 때 마주 오는 자동차의 헤드라이트에 눈이 침침해지는 것은 많은 운전자들이 경험한 바이다. 하지만 편광이라는 현상을 사용해서 무언가 멋진 대책은 없을까?

라이트의 유리와 앞 유리를 같은 방향의 흔들림만을 통과시키는 편광판으로 한다.

경부고속도로나 호남고속도로와 같은 장거리 교통에서 가장 안전한 것은 상행과 하행선에서 다른 편광을 사용하는 것이다. 예컨대 하행선은 상하편광으로 하여 헤드라이트의 유리를 상하의 편광판으로 한다. 앞 유리 또는 운전자의 안경에 마찬가지로 상하의 편광판을 사용한다. 상행선은 좌우의 편광판으로 한다.

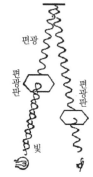

이와 같이 통일하면 상대방의 빛은 보이지 않고 자기가 내는 빛만이 눈에 들어와 안전대책은 매우 효과가 있다. 그러나 실제로는 왕복에서 일일이 유리를 바꿔 끼거나 일반 도로에 나왔을 때는 어떻게 하는가 등 이야기는 몹시 까다로워진다.

그러나 자기 자동차만이라도 헤드라이트와 앞 유리의 방향을 일치시킨 편광판으로 하면 자기가 내는 빛은 그다지 약화되지 않고 눈에 들어오지만 마주 오는 자동차의 불빛은 상당히 약화된다.

문제 해안에서 10km, 때로는 20km 깊숙이 안으로 들어간 장소에서 밤이 되면 거친 파도가 요란하게 해안으로 밀려오는 소리가 들려오는 일이 있다. 여행지에서 잠 못 이루는 밤의 베개 밑에 들려오는 이 밀물의 파도 소리에는 왠지 모르게 여수(旅愁)를 느낀다. 지방에 따라서는 이것을 일곱 가지 불가사의의 하나로 꼽거나 풍년의 징조로 보는 곳도 있다.

그런데 낮에는 사람들이 활동하고 있기 때문에 시끄러워서 파도 소리가 잘 안 들린다는 이유도 있을 것이다. 그러나 아주 조용한 벽촌에 가도 밤에만 들리는 것은 사실인 것 같다. 어째서일까?

해답 61 밤에는 소리가 장애물이 없는 상공으로 전달되어 오는 일이 많기 때문이다.

소리도 빛과 마찬가지로 두 점 사이를 달리는 경우에는 가장 소요 시간이 적은 길을 선택한다. 소리란 공기의 진동인데 이 진동현상은 기온이 높을수록 빨리 전달된다. 섭씨 0도에서 매초 330m가량, 15도에서 340m 정도이다.

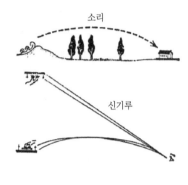

일반적으로 육지와 해상을 비교하면 해상에서는 밤과 낮의 온도차가 그다지 심하지 않지만 지상에서는 밤에 상당히 기온이 내려간다. 이것은 육지는 물에 비해서 열을 저장하는 능력이 모자라기 때문이다. 따라서 밤의 육지에서는 지면 가까이보다도 상공 쪽이 따뜻한 일이 많다. 이 때문에 해안에서 내륙으로 달리는 소리는 소요 시간이 짧은 상공을 지난다. 지면 가까이를 달리는 소리는 각양각색의 장애물에 부딪쳐 산란 흡수되지만 장해물이 적은 상공을 달리는 소리는 상상 이상으로 멀리까지 다다른다.

마찬가지로 파도인 빛도 공기의 밀도가 옅으면 통과하기 쉬워진다. 상공이 따뜻할 때 빛은 활 모양으로 굽는다. 이것이 신기루이다.

62. 원주민의 새로운 무기

문제 아프리카 오지에 다이아몬드를 찾아서 들어간 탐험대는 신중하게 행동하고, 원주민의 보초가 일행을 발견한 것을 동료에게 알리는 신호를 들으면 곧 후퇴하기로 하였다. 그런데 이 신중한 탐험대도 끝끝내 돌아오지 않았다. 그들은 원주민 보초의 신호를 모르고 그대로 오지에 들어가 버린 것이다. 나중에 수색대는 원주민 보초가 사용했다고 생각되는 인간의 귀로는 알아들을 수 없을 만큼 높은 소리를 내는 피리를 주웠다. 이것으로는 탐험대가 알아차리지 못한 것도 당연하다. 그러면 후방에 있는 원주민은 보초가 부는 피리 소리를 어떻게 알아들었을까?

원주민은 개를 이용해서 피리 소리를 듣게 하였다.

소리란 공기의 진동이다. 1초간 진동하는 횟수가 많으면 많을수록 인간의 귀에는 높은 소리로 들린다.

인간의 귀는 보통 1초간 진동수 16에서 2만 또는 3만 정도까지의 소리를 감지한다고 한다. 이것 이상의 낮은 소리도 높은 소리도 인간의 귀로는 지각할 수 없다.

그러나 소리(오히려 공기의 진동이라는 편이 정확하지만)란 더 광범위한 것이다. 진동수가 수만 또는 그 이상의 것을 초음파라 하고 특히 물속에서 이용하는 일이 많다. 초음파는 물속에서 방향성을 갖고(즉 특정방향으로만 소리를 흐르게 하는 것이 가능하다) 반사음을 포착할 수 있으므로 잠수함이라든가 어군(漁群)의 소재를 찾는 데에 아주 적합하다.

높은 소리는 귀로 지각할 수 없으나 이것은 어디까지나 인간에 대해서이고 개 등은 인간보다도 훨씬 높은 소리를 들을 수 있다고 한다. 그래서 개를 훈련시켜 초음파를 들었을 때는 한쪽 발을 든다든가 낑낑 소리를 낸다든가 특정 행동을 하도록 훈련시켜 둔다. 보초로부터 본부에 이르는 전달담당은 항상 개와 피리를 갖고 있기로 한다.

이렇게 하면 상대방이 알아채지 못하게 차례로 신호를 보내는 것이 가능하다.

눈과 귀에 들어오는 파도―빛과 소리에 대해서

빛과 소리는 어느 쪽도 파동이다. 〈문제 48〉에서 〈문제 60〉까지가 빛, 마지막 〈문제 61〉, 〈문제 62〉에서 소리를 다루고 있다.

빛의 본질이라는 것을 직접 언급하지 않고 반사, 굴절 등의 현상을 그대로 연구하는 것이 기하광학이다. 가장 간단한 것이 평면경(平面鏡)이고 「없어진 바나나」, 「원자폭탄 용서하지 않겠다」, 「과일가게의 거울」이 이에 해당한다. 「부서진 망원경」과 「어떤 장해물 경주」, 「누드 술잔」은 렌즈의 문제가 된다. 렌즈란 빛이 유리와 공기의 경계면에서 굴절하는 것을 이용한 기구의 하나이고 결국은 빛의 굴절이다. 다만 일일이 굴절의 방향을 조사하는 것이 아니고 렌즈의 곡률 또는 초점거리 등을 알고 물체의 위치와 상의 위치의 관계는 보통으로는 공식화되어 있다. 같은 굴절이라도 「가보와 묻어서 감춘 금」은 매우 알기 쉽다. 이들에 반해서 「들키면 정학 처분」처럼 빛을 파동이라 생각해서 그 파장을 문제로 하는 것을 물리광학이라 한다. 마찬가지로 이 책의 앞부분에 있었던 「하늘은 왜 푸른가」, 「저녁놀은 어째서 붉은가」 등의 이야기도 기하광학만으로는 해결할 수 없다. 아무래도 물리광학이 필요하다. 「라이트에 눈이 침침해지다」는 빛이 가지는 편광이라는 특수한 성질을 이용한 것이다. 또 색 그 자체의 문제인 「나는 핑크색을 아주 좋아한다」, 「인생은 회색이라 하지만」, 「색깔 음치」는 물리학 중에서도 특수한 부문이 된다. 이것에는 인간의 생리의 문제도 관계하게 된다. 「원주민의 새로운 무기」는 음파의 문제지만 이것도 인간의 생리와 밀접한 관계를 가지고 있다. 공기의 진동 중에서 어떤 진동수 범위만이 인간에 있어서의 소리이고 그 이외의 것은 물리적인 소리라 할 수 있다. 마치 가시광선만이 인간에 있어서 빛이라는 것과 같다. X선이라든가 적외선 또는 마이크로웨이브나 전파 등은 가시광선과 본질적으로는 같다. 따라서 이 전자기파를 물리적인 빛이라 불러도 될 것이다.

두 점 사이를 달리는 파도는 가장 소요 시간이 적은 길을 선택한다는 것은 광파와 음파의 공통된 성질이다. 오히려 파동 일반의 성질이라 해도 된다. 특히 빛의 경우에 이 성질을 페르마의 원리라 한다. 페르마의 원리를 설정함으로써 렌즈 등의 광학적 현상을 설명할 수 있음은 〈문제 57〉에서 언급하였다.

제6장

열과 전자기

<table>
<tr><td>문제</td><td>어머님들은 고단해졌다. 아이를 데리고 들길을 거닐면 아이에</td></tr>
</table>

게 들꽃의 이름을 가르치고 개를 보면 이것은 테리어라고 일러주며 나비가 날면 무슨 무슨 호랑나비라 말한다. 어머니가 아침부터 밤까지 일에 쫓겨서 잘 돌보지 못한 개구쟁이가 하루 종일 마음껏 뛰놀던 옛 모습을 지금은 찾아볼 수 없다. 그러던 중 어느 더운 여름의 하오, 땀을 닦으면서 거니는 산책길에서 "여름은 왜 더워요?"라고 아이가 묻자 "여름은 해님이 가까우니까 더운 거야."라고 대답하였는데 이것으로 괜찮은 것일까?

아니다. 북반구에서 여름은 오히려 지구와 태양과의 거리가 더 멀다.

지구의 공전궤도는 태양을 초점으로 하는 타원이고 태양에 가까운 곳 (근일점)은 12월, 먼 곳(원일점)은 6월이다. 따라서 덥고 추운 것은 태양으로부터의 거리와 관계가 거의 없다. 지표의 일정 넓이가 받는 태양에너지의 많고 적음이 더위와 추위를 결정한다. 여름은 평균적으로 태양의 앙각 (仰角)이 크므로(보통의 말로 표현하면 태양이 높은 곳에 있으므로) 덥고 겨울은 평균적으로 태양의 앙각이 작으므로(태양이 낮다) 춥다.

그러면 왜 산의 경사면의 남쪽은 몹시 덥고 북쪽은 몹시 추워지지 않는 가. 확실히 지면이 태양으로부터 받는 에너지는 남쪽이 <u>열대(熱帶)와 비슷</u>하고 북쪽이 <u>북극과 비슷</u>하지만 마을 1개 정도의 넓이로는 열이 바로 발산해 버린다. 한국에는 열대와 같이 더운 마을이나 북극과 같이 추운 마을이 없는 것도 온도의 평균화가 행해진 결과이다. 그런데 지구 표면과 같은 큰 규모가 되면 열대와 극의 평균화는 행해지지 않는다.

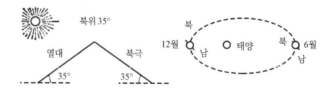

202

64. 축 결혼

문제 "저 두 사람은 굉장히 덜렁대요. 유리컵에 태연하게 뜨거운 물을 따르니 말이지요. 결혼하고 나서도 틀림없이 일을 저지를 것 같아요. 컵이 몇 개 있어도 모자랄 거예요. 깨지지 않도록 제일 두꺼운 컵을 선물하지요.", "아니야, 얇은 컵을 선물합시다.", "어머, 두꺼운 쪽이 좋잖아요. 얇으면 바로 깨져 버려요", "틀려. 얇은 컵 쪽이 깨지지 않는 거요."

이것은 어느 백화점의 유리제품 매장에서 엿들은 이야기다. 과연 독자라면 그 덜렁대는 커플을 위해서 어느 쪽의 컵을 선물할 것인가?

얇은 컵을 선물하는 편이 좋다.

얄팍한 컵과 두툼한 컵에서는 역학적으로는 확실히 두꺼운 쪽이 튼튼할 것이다. 선반에서 떨어뜨리거나 손에서 미끄러져 떨어지는 것을 예상하면 더러는 두꺼운 것을 사는 편이 좋을지는 모른다. 그런데 이 신혼부부처럼 무관심하게 컵에 뜨거운 물을 따르는 버릇이 있는 사람에게는 얇은쪽이 좋다.

유리는 열을 전달하기 매우 어렵다. 같은 조건으로 하여 은과 비교해보면 500분의 1정도밖에 열을 통과시키지 않는다. 그래서 열탕을 컵에 넣으면 컵의 안쪽은 열탕과 같은 높은 온도가 되지만 바깥쪽은 그토록 뜨겁지 않다. 안쪽과 바깥쪽의 온도차는 컵이 두꺼워질수록 크다.

물체는 뜨거워지면 팽창하는데 유리가 팽창하는 비율은 은의 2분의 1에서 20분의 1정도로 아무튼 그다지 작지 않다. 컵의 안쪽은 뜨거워져 억지로라도 팽창하려고 하지만 바깥쪽은 팽창하지 않으려고 한다. 힘이 매우 불균형하게 되어 마침내 균열이 생기거나 파괴되거나 한다. 유리가 깨지기 쉬운 것은 유리를 구성하고 있는 원자 배열의 불규칙성이라든가 불순물의 혼입이라든가 원인은 복잡하지만 열에 의해서는 두꺼운 쪽이 깨지기 쉽다.

65. 가장 낮은 이야기

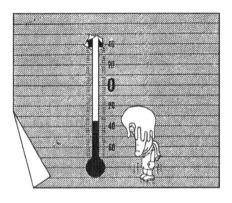

> **문제** 무슨 일에도 위에는 위가 있고 아래에는 아래가 있다는 것이 우리들의 상식이다.

기온에서는 높은 쪽으로 멕시코 부근에서 섭씨 58도 정도가 기록되어 있다. 낮은 쪽에서는 홋카이도에서의 섭씨 −41.5도나 남극의 −88.3도가 있다.

그러나 태양 표면의 온도가 섭씨 6,000도, 내부는 수억 도라 일컬어지지만 마이너스 쪽은 액체 헬륨의 섭씨 −269도 정도이고 −6,000도라든가 수억 도라는 것은 들은 적이 없다. 그러면 온도에는 하한(下限)이 있는 것일까?

있다. -273도가 저온의 극치이다.

대수학은 제로를 경계로 하여 큰 것을 플러스, 작은 것을 마이너스라 하고 -10만이라도 -100억이라도 수의 무리에 넣어 사용한다. 그렇다고 해서 온도도 어디까지나 낮게 할 수 있는 것은 아니다. 이렇게 되면 온도란 무엇인가라는 문제가 된다.

고체도, 액체도, 기체도 모두 분자 또는 원자로부터 구성되어 있는데 분자나 원자가 격렬하게 움직이는 현상이 고온, 움직임이 둔화되는 것이 온도 저하이다.

분자나 원자가 빨리 달리는 상태에서는 얼마든지 빨리 달릴 수 있다. 그래서 수억 도라는 것 같은 터무니없는 고온이 존재한다. 그런데 느리게 달리는 쪽에는 제한이 있다. 세상에서 가장 느린 것은 멈춰 있는 것이다. 이것보다 느릴 수가 없다. 이것이 -273도(정확히는 -273.16도)이다. 이보다 낮은 온도는 생각할 수 없다. 공기의 압력은 기계를 사용하면 얼마든지 높일 수 있으나 낮은 기압은 진공으로 끝나는 것과 같다. 진공보다 낮은 기압은 아무리 찾아도 없다.

66. 아버지를 위해서라면 영차

문제 아버지와 아들이 집 앞에 있는 높은 철탑에 친 고압선에 매달리면 어떻게 되는가에 관해서 말다툼을 하고 있었다. 아버지는 발이 지면에 닿아 있지 않으면 목숨에는 아무 지장도 없다 말하고 아들은 발이 땅에 닿아 있지 않아도 감전사(感電死)한다고 주장하고 있다. 그래서 아들이 말했다. "그러면 아버지. 고압선에 매달려 보세요. 도와드릴게요." 이 말을 들은 아버지는 열화같이 화를 냈다. "이 불효막심한 놈이! 너는 애비가 죽어도 괜찮다는 거냐!" 이는 재미있는 일화일 뿐이다. 그렇다면 실제로는 아버지와 아들의 주장은 어느 쪽이 옳은가?

아버지 쪽이 옳다.

인간의 신체에 해가 되는 것은 인간의 전위(電位)가 높아진 경우가 아니고 인체에 큰 전류가 흐를 때이다. 고압선에 두 손으로 매달리면 전기가 흐르는 길로서 예컨대 왼손에서 어깨를 통해서 오른손으로 샛길을 만들게 된다.

전기가 주된 길을 흐르는가 샛길을 흐르는가는 어느 쪽이 보다 흐르기 쉬운가에 따른다. 흐르기 쉬운 길을 전기저항이 작다, 흐르기 어려운 길을 전기저항이 크다라고 한다.

고압선의 저항은 매우 작지만 인체는 상당히 저항이 크다. 매달리는 것만이라면 전류가 인체를 우회(迂回)하는 일은 거의 없을 것이다. 새가 고압선에 앉아도 생명에 아무 지장이 없는 것은 같은 이유에서이다.

그러나 만에 하나라도 발이 지면에 닿는다면 큰일이다. 고압선의 전류는 전위가 다른 지면으로 가려 하고 있다. 가령 저항이 커도 전류는 억지로 인체를 통해서 지면에 들어간다. 아무튼 목숨이 아까우면 이러한 실험은 결코 해서는 안 된다. 첫째 매달리려고 할 때 감전사할 염려가 있다. 매미 잡이용의 긴 대나무 장대가 고압선에 닿아서 목숨을 잃은 예도 드물지 않다.

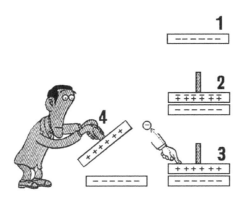

<table>
<tr><td>문제</td></tr>
</table>

에보나이트로 만든 쟁반을 마른 모포로 마찰하면 음의 전기를 띤다. 이것에 손잡이(손잡이는 전기를 통하지 않는 물질로 만들어져 있다)가 달린 금속판을 가볍게 접촉시켜 둔다. 금속판에는 에보나이트에 가까운 쪽에 양전기, 먼 쪽에 음전기가 생긴다(이 현상을 정전기 유도라 한다). 이 금속판의 위쪽을 손가락으로 만지면 금속 중의 음전기는 인체를 따라 흘러가 버리지만 양전기는 남는다. 손잡이를 잡고 금속의 양전기를 다른 곳에 옮기고 다시 에보나이트 위에 놓는다. 이것을 몇 번씩 반복하면 공짜로 얼마든지 양전기를 얻을 수 있다고 하는데 정말일까?

| 해답 67 | 얼마든지 전기는 얻을 수 있지만 공짜로 얻을 수 있는 것은 아니다. 이에 상응하는 일을 하고 있는 것이다. |

멍청히 생각하고 있으면 요술방망이로 금화를 만들어 내는 것처럼 얼마든지 전기를 만들어 내고 있는 것 같은 느낌이 들지만 결코 무조건 전기가 생기는 것은 아니다. 노력 없이 전기를 만들어 낼 수 있다면 에너지 불멸의 법칙에 반한다.

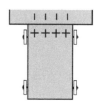

이 경우에는 금속을 에보나이트로부터 억지로 떼어 놓을 때 우리들은 그만큼의 일을 하고 있다. 양의 전기와 음의 전기를 떼어 놓는 것이므로 전기가 없을 때와 비교해서 떼기 힘들다. 이에 대항해서 힘을 가하여 당기고 있다. 이 노력 때문에 양의 전기를

억지로 떼어 놓는 데는 일이 필요하다

모을 수 있다. 금속판을 에보나이트로부터 억지로 떼어 놓는다는 것이 발전의 한 가지 방법이라고 생각하면 된다.

68. 몰래 사용하는 전열기

<table>
<tr><td>문제</td></tr>
</table>

철호 군의 하숙집에서 전열기는 사용금지다. 그런데 그는 책장 밑에 전열기를 감춰 두고 가끔 그것으로 물을 끓이거나 때로는 남몰래 자취(自炊)를 한다.

오늘 아침 철호 군이 무심코 전열기를 사용했더니 바로 그 순간 두꺼비집의 퓨즈가 끊어져 하숙집 아주머니가 달려와 호되게 꾸중을 했다. 그래서 철호 군은 생각했다. 이것은 전열기가 커서 그런 것이므로 니크롬선의 길이를 절반으로 하면 여간해서 퓨즈가 끊어지는 일은 없을 것이다. 그러나 이것으로 아주머니를 순조롭게 속일 수 있을까?

퓨즈가 끊어질 가능성은 점점 커지므로 안 된다.

기계라는 것은 형태가 작아지면 그 성능도 작아지는 것이 일반적이다. 철호 군은 이 일반론을 그대로 믿어 버린 것이다. 그런데 전열기의 경우에는 이야기가 거꾸로다.

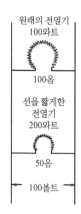

니크롬선을 절반으로 하면 그 전기저항도 절반이 된다. 가정용 전기의 전압은 100볼트로 정해져 있다. 이와 같이 전압이 일정하면 이 사이에 삽입하는 저항이 작을수록 발열량이 많다. 저항이 절반이 되면 발열량은 배가 돼 버린다. 니크롬선이 짧으면 짧을수록 많은 전류가 흘러서 그만큼 많은 전력을 소비하게 된다. 따라서 물이 끓는 것도 빨라지지만 퓨즈도 끊어지기 쉽다.

물이 끓는데 시간이 걸려도 상관없으니 가급적 퓨즈가 끊어지지 않도록 하겠다면 오히려 니크롬선을 사서 길게 잇는 게 낫다.

69. 급하면 돌아서 가라고 하지만

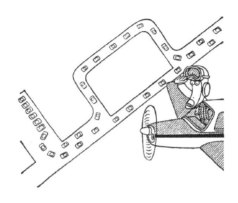

문제 일방통행 도로를 자동차가 우에서 좌로 달리고 있다. 그런데 중간쯤 우회도로가 있어 거기를 돌면 직진도로의 2배의 거리가 된다고 한다. 우회도로도 직진도로도 도로 폭은 같다. 자동차는 같은 간격으로 어느 것이나 시속 50km로 달리고 있다. 우회도로는 다시 직진도로와 하나로 합쳐지고 자동차는 주차장으로 들어간다. 또한 자동차는 처음부터 달리고 있는 것으로 한다. 그렇다면 주차장에 모인 60대 중 우회도로를 경유해서 온 것과 직진도로를 지난 것은 각각 몇 대씩 되는가? 위 그림에서 자동차의 수를 세는 것만으로는 답을 구할 수 없다.

해답 69 | 우회도로 30대, 직진도로 30대.

　직진도로가 있는 장소와 우회도로가 있는 장소에 각각 기록담당을 두고 1분간 몇 대의 자동차가 지나갔는가를 계산하게 한다. 속도가 같고 차간 거리가 같으면 차의 수는 같아진다. 이것이 모두 주차장으로 들어가게 되므로 주차장의 자동차 중 절반이 우회도로를 지나온 것이 된다.

　헬리콥터에서 보면 어느 순간 우회도로에 10대가 있을 때 직진 도로에는 5대밖에 달리고 있지 않다. 그렇다고 해서 우회도로를 경유한 것이 2배라고 생각해서는 안 된다. 우회도로의 10대가 처리된 무렵에는 직진도로의 5대와 이에 이어서 직진도로에 들어오는 5대가 처리되고 있는 것이다.

　또 도로를 전기회로처럼 생각하면 우회도로의 길이는 2배이므로 전기 저항도 2배, 따라서 전류는 절반이 되어 우회도로 20대, 직진도로 40대가 될 것 같다. 전류의 경우에는 길이가 길면(즉 저항이 크면) 그만큼 전류를 멈추게 하려는 힘이 크게 작용한다. 그러나 자동차의 경우는 어느 길도 속도는 같고 우회도로라고 하여 자동차의 정체가 일어나고 있는 것은 아니다. 따라서 전류와 동일시해서는 안 된다.

<table>
<tr><td>문제</td></tr>
</table>

쇠의 원판을 만들고 중심에 축을 달아 회전할 수 있도록 해둔다. 그 철판의 대부분을 그림처럼 자기차폐판(磁氣遮蔽板)으로 덮어 버린다. 좌상부만 철판이 노출되어 있는데 그 좌측에 강력한 자석을 가져온다. 차폐판 속에 들어가 있는 부분은 자석의 영향을 받지 않지만 철판 위의 부분은 자석에 당겨진다. 원판의 좌상부만 아래로 당겨지므로 원판은 이쪽에서 보아 반시계방향으로 돈다. 아무리 돌아도 노출된 부분만 자석에 당겨진다는 사정에는 변함이 없다. 그래서 철판은 영원히 회전할까?

철판은 돌지 않는다.

철판 중 확실히 노출된 부분만 자석에 당겨진다. 그러나 또 하나의 별개의 힘이 작용하는 것을 잊어서는 안 된다. 자석의 바로 가까이의 철판은 차폐판 속에 들어가려고 하지 않는다. 차폐판 속의 쇠는 오히려 밖으로 나와 자석의 인력권 안에 잠기려 하고 있다. 만유인력이건, 자석의 힘, 전기의 힘이건 물체는 인력이 없는 장소에서 인력이 작용하는 장소로 가려 하고 있다고 생각하지 않으면 안 된다. 그림의 b는 인력이 없는 경우, 그림의 a는 인력이 있는 경우이지만 a는 b보다는 에너지가 낮다. 자연의 법칙은 b에서 a로 가지만 a에서 b로는 가지 않는다. 자석에 의한 인력은 철판을 문제의 그림의 화살표방향으로 돌리려고 하지만 자석 가까이의 철판은 자석의 인력권에 들어가려고 하여 양자가 상쇄되어 철판은 움직이지 않는다.

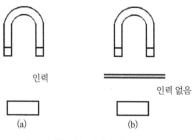

(b)보다 (a)쪽이 에너지가 낮다

71. 엘리트끼리의 결혼

<table>
<tr><td>문제</td></tr>
</table>

금과 은은 값이 비싸다는 것 이외에 전기가 매우 잘 통한다는 성질이 있다. 즉 금이나 은으로 만든 철사는 전기저항이 매우 작다. 그러나 금 철사와 은 철사를 같은 형태로 하여 전기저항을 비교해 보면 은 쪽이 다소 전기를 더 잘 흐르게 한다.

예컨대 금과 은이 절반씩 혼합된 합금을 사용하면 그 전기저항은 다음의 것 중 어느 것이 될까.

①작은 쪽인 은과 같아진다.

②큰 쪽인 금과 같아진다.

③금과 은의 중간 정도가 된다.

④금이나 은보다 훨씬 커진다.

④가 된다.

그림의 가로축은 금과 은의 비율을 나타내고 왼쪽 끝은 순금, 오른쪽 끝이 순은, 한가운데가 절반씩, 곡선이 전기저항이며 전기저항은 양끝에서는 작지만 한가운데에

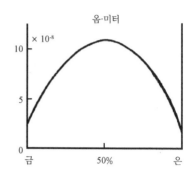

서는 매우 커진다. 전기가 통하기 쉬운 것을 두 종류 혼합하였다고 해서 마찬가지로 전기가 잘 통하는 합금이 되지 않는다.

합금의 전기저항은 왜 큰가를 생각해 보자. 금속 중에 전기가 흐른다는 것은 전자가 금속 속을 달리는 것을 말한다. 달리면서 금이나 은의 원자이온과 충돌한다. 이 충돌이 전기저항이 된다. 그런데 순수한 금에서는 금의 원자가 규칙적으로 배열되고 있다. 마치 긴 칼을 찬 무사가 가로세로로 정연하게 도열하고 있는 상태를 생각하면 된다. 그 사이를 달리라고 지시를 받으면 칼을 잘 피해서 무사와 무사 사이를 뛰어가면 된다. 은은 예컨대 창을 든 무사의 열이다. 이것도 창을 피해서 가면 된다. 그런데 무사는 정연하게 도열하고 있지만 칼을 든 무사와 창을 든 무사가 섞여 있으면 어떤가. 사이를 빠져나가려 해도 칼이나 창에 걸려 넘어진다. 그래서 합금의 전기저항은 커진다.

72. 도드라져 보이는 무늬

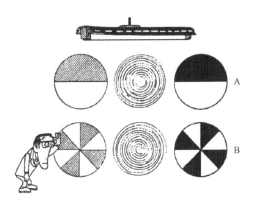

문제 인간의 눈에 들어온 빛의 자극은 빛이 두절된 뒤에도 10분의 1초 채 못 되게 지속된다. 이 잔상(殘像) 때문에 점멸하는 네온
램프도 인간은 그것을 알아 볼 수 없다.

지금 네온램프 밑에서 〈그림 A〉와 같은 원판을 빙빙 돌려준다. 최초는 전체가 회색으로 보이지만 회전수를 올려 1초에 100회의 속도로 돌렸더니 원판은 위 절반이 흑색, 아래 절반이 백색으로 보였다고 한다. 그러면 B와 같은 원판을 같은 네온램프 밑에서 차츰 빨리 회전시켜 가면 어느 정도의 회전속도로 흑백의 얼룩을 뚜렷이 볼 수 있게 되는가?

매초 25회

A가 회전하는데 게다가 흑백이 뚜렷이 보인다는 것은 흑이 상부에 있을 때 언제나 네온램프가 빛나고 흑이 하부에 왔을 때는 네온램프가 어둡다는 것을 말한다. 따라서 이 네온램프는 1초간 100회 명멸(明滅)한다. B의 원판은 1회전 하지 않고 1회전의 4분의 1(각도로 말하면 90도)을 한 것만으로 전과 같은 무늬가 된다. 그 때문에 100분의 1초 사이에 4분의 1회전만 하면 흑백의 얼룩은 뚜렷해진다. 매초의 회전속도는 25회가 된다. B의 경우 회전속도를 더 올려서 매초 50회, 75회, 100회로 해도 물론 얼룩은 뚜렷하다.

이상의 이치를 응용해서 그림과 같은 원판을 만든다. 이것을 주파수를 알고 있는 네온램프 밑에서 돌리면 중심에서 몇 번째인가의 흑백의 얼룩이 뚜렷이 보일 것이다. 이러한 것으로부터 원판의 회전속도를 알 수 있다. 반대로 원판의 회전속도를 알고 있을 때에는 전등의 명멸의 속도를 알 수 있다. 그림과 같은 원판을 스트로보스코프(Stroboscope)라 한다.

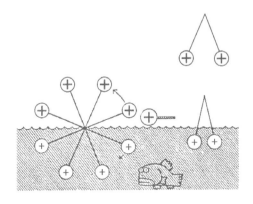

<table>
<tr><td>문제</td><td>2개의 양전기를 가진 구슬을 접근시키면 서로 반발하는 것은 잘 알려져 있다. 그러나 구슬을 물에 넣었을 때는 공기 중에 있</td></tr>
</table>

을 때보다도 반발력은 80분의 1이나 작아진다. 그런데 그림과 같이 물레방아식으로 막대기의 끝에 양전기를 가진 구슬이 붙어 있다. 아래 절반은 물에 잠겨 있다. 오른쪽으로부터 큰 양전기를 가지고 와서 고정시킨다. 물속의 구슬은 작게 반발하고 공중으로 나온 구슬은 크게 반발한다. 따라서 물레방아는 반시계방향으로 회전한다. 공중의 구슬은 차례로 반발되어 언제까지나 회전한다. 이것은 영구운동이 아닌가?

전기적 반발력 이외에 물이 구슬을 공중으로 내보내지 않으려는 힘이 작용해서 물레방아는 돌지 않는다.

공중의 구슬에는 큰 힘이, 물속의 구슬에는 작은 힘이 작용하는 것에는 틀림없다. 그러나 물에서 밖으로 나오는 부분에 문제가 있다. 반발력이 있는 양전기를 가진 구슬끼리는 공기 중에 있는 쪽이 물속보다도 에너지가 높다. 따라서 구슬은 물에서 밖으로 나가기 어렵다.

분자를 생각하면서 이 문제를 해결하여 보자. 물분자(H_2O)는 한쪽에 양전기, 다른 쪽에 음전기를 가진 막대기처럼 생각해도 된다. 양전기를 가진 구슬이 물속에 들어가면 주위의 분자는 움직여서 모두 구슬 쪽으로 음전기를 향하도록 배열한다. 멀리서 보면 구슬의 양전기는 물의 음전기에 둘러싸여 마치 구슬의 양전기가 감소된 것과 같은 효과를 낸다. 이 구슬이 물에서 밖으로 나가려 하면 물분자의 음전기가 구슬을 내보내지 않으려고 한다. 이 힘은 문제의 그림에서 시계방향으로 작용한다. 이 때문에 물레방아는 돌지 않는다.

물에서 나오려면
큰 힘이 필요하다

물성 물리란—열과 전자기에 대해서

우리들은 온도가 높다든가 낮다든가 하는 것을 감각적으로 알고 있다. 온도계를 가지고 와서 그 물체와 접촉시키면 온도는 수은이나 알코올의 길이라는 객관성이 있는 기준으로서 눈앞에 제시된다. 그리고 물체가 고온이라는 것의 원인으로 열이라는 개념을 설정하여 이 열이 물체에서 물체로 옮겨 다녀 뜨겁게 하거나 차게 하고 있다고 생각하고 있다. 이러한 의미에서 열이라는 것은 매우 추상적인 개념이다.

그러나 유리 속을 열이 통과하기 어렵거나 열 때문에 유리나 은이 팽창하거나 발열체에 비추어지고 있는 장소가 따뜻해지거나 하는 현상을 단순히 현상으로서 연구하는 이상 열이란 무엇인가라는 본질은 문제가 되지 않는다. 추상적 개념으로 충분하다.

그런데 「가장 낮은 이야기」처럼 온도에 하한이 있는가 없는가의 문제가 되면 온도란 무엇인가, 열이란 어떠한 것인가라는 것은 새삼 그 본질이 요구된다. 그리고 여기서 거듭 정도가 높은 해석이 탄생한다. 즉 고온이란 분자운동이 격렬한 것을 말하고 열이란 분자(또는 원자, 금속 등에서는 거듭 전자)의 운동에너지를 말한다고 설명된다.

파동에서도 열학에서도 정밀도가 높은 연구를 진행시켜 가면 반드시 현상론만으로는 해결할 수 없는 문제에 부딪친다. 그리하여 원자 진동이라든가, 광파, 거듭 광자(빛은 에너지의 입자로 간주되어 그것을 광자라 한다)가 제안되고 이 제안이 거듭 새로운 발견과 연결된다.

「새로운 요술방망이」, 「멈추지 않는 원반」, 「물속에서는 싫어하지 않는다」는 영구운동의 문제이다. 특히 나중의 두 가지는 각각 자기장과 전기장을 이용한 것으로 공통의 문제라 할 수 있다. 영구운동의 부정으로서 여러 가지 설명방법이 있으나 여기서의 해답은 「멈추지 않는 원반」 쪽을 현상론에서, 「물속에서는 싫어하지 않는다」 쪽을 분자론의 입장에 서서 설명하였다.

물질이 분자, 원자, 또는 전자와 같은 입자로 구성되어 있는 이상 어떠한 현상이라도 이들 입자의 입장에서 설명할 수 있을 것이다. 그 기초에 물질을 구성하는 입자를 생각하고 그로부터 물리현상을 설명해 가는 방법을 채택하는 것을 물성물리학이라 한다.

「엘리트끼리의 결혼」과 같은 문제에서는 현상론만으로는 어찌할 방도가 없다. 합금은 저항이 크다는 사실 이상으로 지식의 발전의 여지는 없다. 금이나 은의 원자를 생각하고 그 배열 방법, 전자와의 충돌 등을 상세히 조사하여 비로소 합금의 저항을 양적으로 계산할 수 있다. 이와 같이 고체(뿐만 아니라 액체도, 기체도)의 연구에는 물성물리학이 아주 필요해진다.

물질구성의 요소를 '낱알'로서 생각하는 것이 물성물리학이지만 이 '낱알'을 어느 정도까지 상세히 생각하지 않으면 안 되는가. 이것은 경우에 따라 다르다. 예컨대 상자 속에 기체가 들어가 있고 그 온도가 높다는 현상을 설명하기 위해서는 기체라는 것은 분자라는 낱알의 집합이고 그 낱알이 빨리 달리고 있는 것이 곧 고온이라고 말하면 된다. 분자라는 것은 잘 알려져 있는 것처럼 일반적으로 원자가 몇 개인가 모여서 구성되어 있다. 그런데 온도를 연구하는 경우에는 분자만으로(즉 분자라는 것은 잘 알려져 있지만 원자에 대해서는 아무것도 모른다 하여도) 일단 해결이 가능하다. 그런데 「물속에서는 싫어하지 않는다」처럼 낱알로서의 물은 왜 양과 음으로 나뉜 전기를 가지고 있는가라는 이야기가 되면 물의 분자(H_2O)를 구성하고 있는 수소(H)나 산소(O)까지 파고들어 생각하지 않으면 안 된다. 거듭 금에는 왜 전기가 흐르기 쉬운가라는 문제가 되면 금의 원자를 전자와 이온(원자에서 1개 또는 몇 개의 전자를 벗긴 것)으로 나누지 않으면 해결되지 않는다.

제6장

상대론과 우주

74. 이조 시대를 보다

문제 빛의 속도라는 것은 1초에 지구를 일곱 바퀴 반을 돈다고 하는 것처럼 매우 빠르다. 그렇지만 무한으로 빠른 것은 아니다.

한편 로켓은 연료를 충분히 싣고 이것을 소비하여 계속해서 속도를 증가시킬 수 있다. 그리고 충분히 시간을 들이면 광속을 앞지른다.

그러면 이 로켓에 타고 있으면 어떻게 되는가. 지구에서 어제 나온 빛을 앞지르고, 그저께의 빛을 앞지르며, 1년 전의 빛을 앞지르고… 계속해서 과거의 빛을 바싹 뒤따라서 멀지 않아 이조 시대를 들여다본다는 것은 불가능한 것일까?

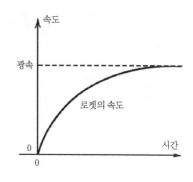

해답 74 아무리 기술이 진보해도 직접 과거를 체험하는 것은 불가능
하다.

과거의 사진을 꺼내서 보거나
기록 영화를 거꾸로 돌리거나 하는
것은 단순히 과거의 상을 보고 있는
것에 불과하다. 그런데 과거의 빛을
직접 본다는 것은 그것을 우리들이
체험한다는 것이다. 문제와 같은 로
켓이 만일 있다면 죽은 사람이 소생하여 노인이 되고 장년, 청년, 소년을
거쳐 이윽고 유아가 돼서 모친의 태내로 되돌아간다. 그와 같이 보이는 것
이 아니고 그러한 사실도 있다고 하지 않으면 안 된다. 이러한 로켓이 있
다면 우리들이 지금까지 생각하고 있던 인과율(因果律)은 엉망이 돼 버린
다. 방화하면 집은 불타는데 재가 모여서 집이 만들어진다는 것도 인정하
지 않으면 안 된다. 자연과학뿐만 아니라 더 본질적인 사항의 문제이다.

다행히 이러한 것은 물리적으로도 모순이 있다. 질량이라는 것은 일정
하지 않고 빨리 달리면 커진다. 즉 빠른 것은 가속하기 어렵다. 광속에 가
까워짐에 따라 질량은 차츰 커져 광속의 90%에서 원래의 질량의 2.3배,
광속에서는 이론상 무한대가 된다.

228

<table>
<tr><td>문제</td><td>매초 10m의 속도로 달리고 있는 전차를 겨냥하여 정면으로부터 매초 20m의 속도로 공을 던져 넣었다. 그러면 전차 안의 사</td></tr>
</table>

람에게는 공의 속도가 매초 30m로 느껴진다.

지금 가령 매초 10만km의 정해진 속도로 로켓이 날고 있다 하자. 이 로켓의 정면으로부터 빛이 날아들어 왔다. 빛의 속도는 공간에 대해서 매초 30만km이다. 그렇다면 전차와 공의 이야기와 마찬가지로 로켓 안에 있는 사람이 본 빛의 속도는 10만km와 30만km를 더하여 매초 40만km가 되는 것일까?

로켓 안의 사람에게도 빛의 속도는 매초 30만km로 보인다.

빛의 속도는 공의 경우처럼 생각해서는 안 된다. 광속은 공간에 멈춰 있는 사람에게도 로켓 안에 있는 사람에게도 매초 30만km이다. 왜 그렇게 되는가? 이것은 실험 사실이라고 말할 수밖에 없다. 우리들은 공간 속에 살고 시간의 경과와 더불어 생활하고 있는데 이 공간이라든가 시간이라든가 하는 것은 상식적으로 생각하고 있는 것 같은 것은 아니고 실은 빛의 속도를 일정하게 유지하는 것 같은 <u>구조</u>로 만들어져 있는 것이다. 달리면서 보아도 멈춰서 측정하여도 광속이 일정하게 되는 것이 우리들이 사는 세계이다.

물론 이러한 일을 <u>무책임한</u> 근거로 말을 꺼낸 것은 아니다. 등속으로 움직이고 있는 사람과 멈추고 있는 사람에서 광속이 다른가, 같은가에 대해서 정밀한 실험이 행해졌다. 지구는 공전 때문에 동서로는 달리고 있지만 남북으로는 움직이지 않는다. 그래서 동서와 남북을 같은 거리로 잡고 빛이 이것을 가로질러 지나갈 때 그 소요 시간을 비교한 것이다. 유명한 마이컬슨 – 몰리의 실험이고 결과는 시간에는 차이가 없었다. 즉 어떠한 입장에서 봐도 광속은 일정하다. 이 사실이 상대성원리의 출발점이 됐다.

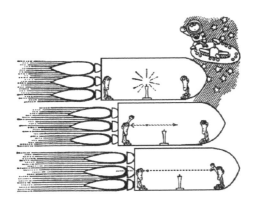

|문제| 가령 빛의 속도가 눈으로 쫓아갈 정도로 느리다고 해 보자. 현실적은 아니지만 이와 같이 가정하는 것은 이론상 지장이 없다. 그런데 로켓의 꼭 한가운데서 지휘관이 발광(發光) 신호를 한다. 로켓의 앞부분에 운전자, 뒷부분에 차장(車掌)이 서고 그들은 이 빛을 보았을 때 "알았음"이라 외치고 손을 들기로 되어 있다. 로켓은 상당한 속도(다만 등속)로 달리고 있다. 밖에서 이것을 보고 있던 사람은 위 그림처럼 처음에는 뒷부분의 차장이 알았고 조금 지나서 앞부분의 운전자가 알았다고 주장하였다. 그의 주장은 옳은가.

해답 76 │ 옳다.

  빛은 <u>이것을 관측하는 사람에 대해서</u> 일정
속도, 매초 30만km로 관측된다. 로켓은 달리
고 있지만 로켓 밖의 사람은 멈추고 있다.

  로켓 밖의 사람으로부터 보면 빛은 발광점
에서 오른쪽으로도 왼쪽으로도 같은 속도로
달린다. 로켓 자체는 오른쪽으로 달리고 있으
므로 그림처럼 뒷부분의 사람이 먼저 빛을 인
지한다. 잠시 지나고 나서 앞부분의 사람이 빛
을 인지하여 "알았음" 한다. <u>로켓 밖의 사람으
로서는</u> 먼저 뒷부분, 뒤에 앞부분이 알았음이
고 결코 같은 시각에 "알았음" 한 것은 아니다.

"알았음"

외부의 시계

차장

"알았음"

운전자

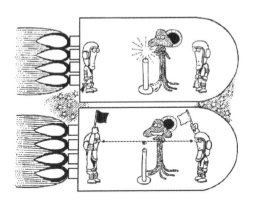

| 문제 | 로켓 안에서 앞의 문제와 똑같은 실험을 하였는데 이번에는 관측자가 로켓에 타고 있는 것으로 한다. |

관측자에 대해서는 중앙부에서 발광한 빛은 로켓의 앞부분에도 뒷부분에도 같은 속도로 진행한다. 따라서 빛은 앞부분과 뒷부분에 동시에 도달하여 결국 운전자와 차장은 동시에 "알았음"이라고 외친다. 그래서 로켓 안의 관측자는 두 사람이 알았음이라고 외친 것은 같은 시각이라고 주장하였다.

그런데 앞의 문제에서 볼 수 있는 것처럼 이것은 로켓 밖의 사람의 주장과 엇갈리고 있다. 로켓 안의 관측자의 주장은 옳지 않은가?

로켓 안 관측자의 주장도 옳다.

　로켓 안에 있는 사람이 볼 때 빛은 전방에도 후방에도 같은 속도로 달린다. 그래서 앞부분과 뒷부분의 사람은 지휘관이 발한 발광 신호를 동시에 인지한다.

　결국 두 가지 사항(운전자가 빛을 인지한다는 사항과 차장이 빛을 인지한다는 사항)은 로켓 안의 사람으로서는 '동시'이고 로켓 밖의 사람으로서는 동시가 아니다. 동시라는 것은 누구에게나 동시일 것이라는 지금까지의 상식을 바꾸지 않으면 안 된다.

　이와 같이 시간의 이야기가 되면 알기 어렵지만 공간을 예로 들어 생각해 보자. 열차의 식당차의 A테이블은 열차 안의 사람에게는 오후 1시에도 오후 2시에도 같은 장소이다.

　그런데 열차 밖의 사람에게는 1시는 천안, 2시는 대전이어서 결코 같은 장소는 아니다. 상대성원리에서는 공간도 시간도 마찬가지로 생각해 주지 않으면 안 된다. 같은 장소라든가 같은 시각이라든가 하는 개념은 그것을 보는 사람의 입장에 따라 다르다. 철수와 민수의 사이에 상대속도가 없으면 공통된 같은 장소, 같은 시각을 갖고 있다. 그런데 서로 움직이고 있으면(빛의 속도에 가까우면) 철수에게 같은 시각이라도 민수에게는 그렇지 않다.

<table>
<tr><td>문제</td><td></td></tr>
</table>

키가 작은 것을 고민하는 사람은 많다. 구두의 굽을 높이거나 모자를 쓰고 외출하지만 어차피 바라고 있는 효과는 없다. 개중에는 너무 키가 큰 것을 한탄하며 어떻게든 키가 작아지기를 바라는 사람도 있다. 신장이 2m는 2m, 1m의 막대기는 어떻게 하든 1m이다…라고 보통은 믿고 있다. 하지만 상대성원리에 따르면 물체의 길이는 그것을 관찰하는 입장에 따라서 다르다고 한다. 그렇다면 기술상의 난이도는 제쳐 놓고 이 막대기를 자르지 않고 짧게 하려면 어떻게 하면 좋은가?

해답 78 | 막대기를 축의 방향에 따라 대단한 속도로 달리게 하면 된다.

길이, 즉 두 점(A점과 B점이라 하자) 사이의 거리라는 것을 조금 더 끝까지 파고들어 생각해 보자. 거리란 A점과 이것과 같은 시각의 B점과의 속도의 정도를 말하는 것이다. 앞의 문제의 로켓을 지금 한번 생각해 보자. 막대기 앞의 끝은 운전자, 뒤의 끝은 차장의 부분에 있다. 로켓 안의 관측자에게는 막대기는 멈추고 있는 것이 되고 밖에서 보는 사람은 막대기는 축의 방향으로 달리고 있다. 그런데 앞의 문제에서 보는 것처럼 운전자와 차장이 "알았음"이라고 외친 사항은 내부의 사람에게는 동시지만 외부의 사람에게는 동시가 아니다.

외부의 사람에게는 차장이 "알았음"이라고 말했을 때 운전자는 아직 "알았음"이 아니다. 외부의 사람이 볼 때 막대기의 길이는 차장이 "알았음"이라고 말했을 때가 막대기의 뒤의 끝의 위치이고 그때 운전자의 장소가 막대기 앞의 끝이 된다. 그리고 조금 지나서 운전자가 "알았음"이라고 말한다. 이것이 로켓 내부의 사람으로서 막대기 앞의 끝 위치가 된다. 이 사이에 로켓은 다소 전진하고 있다. 그래서 내부 사람으로서는 막대기가 길고 외부의 사람으로서 막대기는 짧다. 요컨대 막대기를 달리게 하면(막대기를 멈추고 관측자가 달려도 된다) 줄어든다. 그래서 이 1m의 막대기를 광속의 90%로 달리게 하면 길이는 44cm 정도가 된다.

<table>
<tr><td>문제</td><td>사랑스런 영희를 지구에 남기고 철수는 빠른 속도로 우주여행</td></tr>
</table>

사랑스런 영희를 지구에 남기고 철수는 빠른 속도로 우주여행을 떠났다. 두 사람은 모두 20세의 젊은 나이로 악수를 하고 헤어졌는데 철수가 30세에 무사히 지구에 귀환하였는데도 영희는 60세였다…라는 것이 상대성이론의 해설이다.

그러나 이것은 생각해 보면 우습지 않은가. 영희의 기준으로 본 철수의 시간이 경과하는 것이 느리다면 철수의 기준으로 바라본 영희의 시간이 경과하는 것도 느릴 것이다. 무슨 일도 피차일반이라는 것이 상대론이 아닌가. 그런데 왜 영희만 나이를 먹는가?

가속계(加速系)에서는 피차일반이 되지 않기 때문이다.

2개의 계가(예컨대 지구와 로켓) 등속으로 떨어져 가는 것 같을 때에는 무슨 일도 피차일반이다. 어느 쪽이 보다 빨리 달리고 있다는 등, 이러한 근거는 없다. 그런데 2개의 계가 떨어지는 속도가 차츰 커질 때는 피차일반이 아니다. 어느 쪽이 가속되고 있는지는 알 수 있다. 마주 지나가는 전차의 속도가 차츰 커질 때 손잡이가 보다 뒤로 당겨지고 있는 전차 쪽의 가속이 크다. 지구와 우주여행의 로켓에서는 여행 중의 로켓 쪽이 훨씬 큰 가속을 갖는다.

지구는 정지계(靜止系, 공전이나 자전의 속도 등은 작아서 문제가 되지 않는다)이지만 로켓은 크게 돌고 오지 않으면 안 된다. 로켓이 가속하고 있을 때 안에 있는 인간은 어떤 방향으로 당겨진다. 마치 질량이 큰 천체의 바로 곁에 있는 것과 같은 느낌이 든다. 가속이 크거나 큰 질량 바로 곁에 있거나 하면 시간의 경과는 느려진다. 이것은 태양이라는 질량이 큰 천체의 표면에서는 원자의 진동이 둔해지고 그 때문에 파장이 길어져서 빛이 실제보다 붉게 보인다는 것으로 입증되어 있다. 아무튼 큰 가속을 거쳐서 온 철수 쪽이 언제까지나 젊다는 것은 불공평하지 않다.

80. 불로불사의 묘약

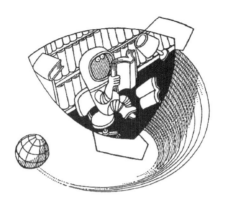

<table>
<tr><td>

문제

</td><td>

불로불사의 약을 구하려고 신하를 먼 지방까지 파견한 제왕의 이야기는 많다.

</td></tr>
</table>

그런데 앞 문제 「현대판 우라시마 타로」의 이야기를 이용하면 이러한 것은 가능한 것처럼 보인다. 현실적으로 그러한 우수한 로켓을 건설할 수 있는지 어떤지의 문제는 제쳐 놓고 이론상으로는 큰 가속계에 있으면 다른 사람의 2배라도 3배라도 오래 살 수 있는 셈이다. 이러한 로켓을 타고 200년 혹은 300년 정도 공부한다면 아마 해박한 지식과 풍부한 경험의 소유자가 된다고 생각하는데 이러한 일이 이론상 가능할까?

200년분의 지식과 경험을 채워 넣는 것은 불가능하다.

과연 이렇게 큰 가속을 갖는 로켓을 만들 수 있을까, 그리고 인간이 그러한 큰 가속(또는 중력)을 견디며 생활할 수 있는가, 거듭 몇 년씩이나 좁은 로켓 안에서 생활을 할 수 있는가, 이 현실적인 사항들은 지금 불문에 붙이고 순수하게 이론적인 입장에서만 생각해 보자.

로켓이 출발해서부터 다시 되돌아올 때까지 시간의 경과는 예컨대 지구에서 30년, 로켓 안에서 10년이라는 것은 있을 수 있다. 그러나 이 동안 로켓 안에서는 10년밖에 시간이 경과하지 않은 것이다. 30년의 성상이 지났는데 노화가 느리다는 것은 아니다. 이 동안에 10년의 시간밖에 없는 것이다. 시간의 경과가 느리다는 것은 지구에 되돌아와서 비로소 의식한 사항이고 자신에게는 전적으로 10년을 경험했다는 자각밖에 없다. 지구와 비교하면 원자의 진동도 분자의 움직임도 전부 느리다. 당연히 생리현상, 신진대사도 10년분밖에 없다. 이러한 이유로 200년분의 경험이라는 것은 불가능하다. 200년간 호흡을 한다는 의미에서의 장수는 할 수 없다. 그러나 50년 후 100년 후의 지구에 귀환할 수는 있다.

81. 우주의 끝

> **문제** 우리들의 지구는 넓은 우주 속에 있다. 그런데 지구에서 로켓을
> 타고 쭉쭉 달려갔다 하자. 달리고 달리고 계속 달리자. 달리고
> 달려서 주파(走破)한 마지막은 다음 중 어느 것이 옳다고 할까?

① 우주는 가도 가도 끝없이 넓다. 즉 무한대이다. 어느 공간에도 별은
   있을 것이므로 별의 수도 무한히 많다.

② 우주는 넓다고는 하되 끝이 있는 크기이다. 별의 수도 매우 많지만
   무한으로 다수인 것은 아니다.

해답 81 | ②가 옳다.

상식적으로 생각하면 ①처럼 생각되지만
실제로 우주의 크기는 유한이고 그 반지름은
수십억 광년(학자에 따라서는 수백억 광년)이
라 일컬어지고 있다. ①과 같은 생각이 드는 것
은 우리들이 너무나도 보통의 공간(이것을 유

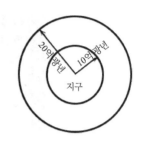

클리드 공간이라 한다)의 사고방식에 지나치게 익숙해져 있기 때문이다.
공간(즉 부피)에서의 이야기는 알기 어려우므로 면(面)으로 고쳐서 생각
하는 것이 좋다. 지구 표면의 넓이는 유한하다. 그렇다고 해서 끝이 있는
것은 아니다. 우주도 마찬가지여서 부피는 유한하지만 끝은 없다. 그래
서 로켓으로 계속해서 달리면 드디어는 원래의 장소로 되돌아와 버린다
고 생각하는 것이 가장 타당하다. 공간이 굽어 있는 것이다. 다수의 천체
를 감싼 우주 공간이라는 것은 굽어 있는 것이 그 본질인 것이다. 이러한
사고는 물론 증거가 있을 때의 일이다. 예컨대 지구에서 10억 광년의 거
리 안에 있는 별과 20억 광년 안에 있는 별의 수의 비는 보통의 공간이라면
1대 8이 되어야 할 것이다. 그런데 공간이 굽어 있기 때문에 그렇게 되지
는 않는다.

<table>
<tr><td>문제</td></tr>
</table>

앞의 문제에 따르면 우주의 부피는 유한이고 별의 수에도 한계가 있다. 그렇다면 지금 어떤 별 A와 별 B의 중심(重心)의 위치를 찾아준다. 다음에 이것과 별 C의 중심의 위치를 구한다. 이것은 결국 A, B, C 3개의 별의 중심이다. 마찬가지 절차를 차례로 반복하여 마지막으로 우주 전체의 별의 중심의 위치를 찾아내게 된다. 그렇다면 그것이 우주의 중심(中心)이고 이 중심에서 떨어져 있는 별일수록 우주의 끝에 있다는 것이 된다. 이렇게 중심(重心)을 의지하며 생각해 가면 당연히 우주의 끝을 생각할 수 있는데 그래도 우주의 끝은 없다는 것인가?

해답 82 우주에는 중심(中心)도 끝도 없다.

중심(重心)으로부터 우주의 중심(中心)을 생각해 가는 것은 상당히 좋은 방법이다. 그리고 만일 중심이 존재한다면 이것에 대해서 멈추고 있는 것만이 절대정지가 되고 상대성이론도 부정되어 버린다. 그런데 중요한 중심(重心)을 구할 수 없는 것이다.

이러한 것은 앞의 문제와 마찬가지로 구면으로 고쳐서 생각하면 알기 쉽다. 지구상의 작은 범위라면 섬과 섬의 중심(重心)은 두 섬 사이의 어딘가에서(물론 구면상에서) 구할 수 있다. 그런데 구면 전체를 바라보면 중심(重心)을 결정할 방법이 없다. 지구 전체의 섬의 중심을 구면상의 어딘가에 구해라 하여도 불가능한 것은 바로 알 수 있을 것이다. 그것과 마찬가지로 우주공간 속에 별의 중심은 구할 수 없다. 결국 우주에는 중심(中心)도 끝도 없다. 굳이 말하면 현재 자신이 있는 곳이 지구 표면에서는 구면상의 중심이고 공간적으로는 우주의 중심이기도 하다. 로켓으로 어디까지 가도 거기가 우주의 중심이므로 어떻게 할 방법이 없다. 우주의 끝까지 가서 거기서부터 우주 밖으로 나간다는 것은 전혀 의미가 없는 일이다.

중심?

<table>
<tr><td>문제</td></tr>
</table>

큰 거울 앞에 작은 거울을 가지고 거울의 면을 서로 마주 보게 한다. 큰 거울 속에는 작은 거울이, 거듭 그 안에 거울이, 또 거울이… 끝이 없다. 도대체 몇 개 있는가. 헤아려 보려 해도 결국엔 눈이 아파질 뿐이다. 이럴 때 보통은 거울의 상은 무한으로 만들어진다고 한다. 그러나 수학적으로는 무한이겠지만 물리적으로 생각한 경우 마지막에는 어떻게 될까. 가령 우리의 눈이 매우 우수하여 어떤 작은 것이라도 볼 수 있다고 하면 여기에 무한개의 거울의 상이 있는 것이 되는가?

해답 83 　상의 크기가 빛의 파장 정도가 되면 이미 상으로서의 형태를 이루지 않는다.

　형식론에 따르는 이상 상의 개수는 무한대이다. 그런데 마지막에는 어떻게 되는가 하는 문제가 되면 하나하나의 현상을 가장 물리적으로 생각해 주지 않으면 안 된다. 눈으로 물체를 보는 정밀도라는 것은 뻔하지만 가령 현미경을 사용해도 본다는 것은 빛에 의존하지 않으면 안 되므로 저절로 한계가 있다. 빛은 파도이고 보통 물체가 보인다는 것은 빛이 물체에 닿아서 산란하기 때문이다. 물체가 파장보다 작아지면 이미 산란하지 않는다. 빛의 본질을 생각하면 무한으로 작은 것을 본다고 할 수는 없다.

　물체의 현상만을 그대로 생각하면 얼마든지 작은 것이 있어도 되지만 물리적인 본질에 대해서 조사해 보면 어떤 일정한 크기의 것으로 끝이 되어 있다는 예는 많다. 물질은 보통으로 생각하면 얼마든지 작게 나뉘지만 분자, 원자, 전자 등의 발견은 질량이나 전하(電荷)의 분할에 한계가 있음을 가르쳐 주고 있다. 빛의 에너지나 진동입자의 에너지도 무한으로 작게 나눌 수는 없다. 물체에는 아래의 한계가 있다는 것이 고전물리학에서 근대물리학으로의 비약의 떠받침의 하나로 되어 있다. 거듭 현재는 시간공간을 기본 영역으로 나눈다는 연구도 행해지고 있다.

특수상대론

상대성원리란 어떠한 것인가, 간결하게 언급하라는 질문에 대해서는 여러 가지 대답 방법이 있다.

(1) 등속도로 달리고 있는 방 안에서 어떠한 물리 실험을 해도(물리 실험뿐만 아니라 그 밖에 어떠한 것을 해도) 멈춰 있는 방 안에서 한 것과 전혀 차이가 없다.
(2) 빛의 속도는 관성계에서는 어떠한 식으로 측정해 보아도 항상 같다.
(3) 불변의 길이라는 것은 3차원 공간의 2점이 아니고 시간축을 포함한 4차원 공간 속의 2점이다.

어느 것도 결국은 같은 내용을 설명하는 것이지만 말로서 가장 간단한 것은 (2)일 것이다. 이것이 「팔방미인의 빛」이다.

이제까지의 해답의 대부분은 질문자와 해답자가 암묵리에 힘이든지 빛이든지 본질을 서로 인정하여 설문과 같은 현상을 보이는 구조는 여차여차하니까라는 식으로 행해져 왔다. 그런데 상대론의 경우의 해답은 다르다. 빛의 속도는 관성계(등속으로 달리는 것의 무리)라면 아무리 빨리 달려서 봐도 또는 멈춰서 관측해도 마찬가지다, 그것이 사실이다라고 억지로 밀어붙인다. 그것을 이상하다고 생각한다면 생각하는 쪽이 나쁘다고 한다. 생각해 보면 몹시 터무니없는 식의 대답을 하고 있다.

그러나 그것이 실험해서 얻은 사실이라면 달리 방법이 없다. 사실을 그대로 언급하지 않을 수 없다. 머릿속으로 그려봤을 때 이렇게 되어야 할 것이라고 생각되는 것도 실험했을 때 그렇게 되지 않았다면 순순히 버리지 않으면 안 된다. 그것이 자연과학이라는 것이다. 이러한 의미에서 상대론의 해답에는 이야기의 조리보다 실험 사실을 제시하지 않으면 안 된다.

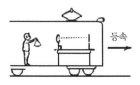

등속

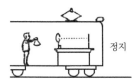

정지

그림1 | 전차 안에서는 같다

우리들은 3차원의 공간(가로, 세로, 높이가 있는 부푼 모양)에 살고 있으며 과거에서 미래로 이어지는 시간이라는 테두리 속에서 생활하고 있다. 공간이 있고 그것과 별개로 시간이 존재하고 있다고 생각하면 「팔방미인의 빛」과 같은 해답은 나오지 않는다. 자연계라는 것은 등속의 체계라면 어떠한 식으로 측정해도 항상 빛의 속도가 일정하게 되는 것 같은 상태로 만들어져 있는 것이라고 하지 않으면 안 된다. 시간공간을 딱 고정시키면 광속은 일정하게 되지 않는다. 반대로 광속을 일정하게 하면 시간공간 쪽에 이상이 생긴다. 실험 결과에 따라 후자 쪽을 채택하지 않으면 안 된다.

그 결과 지금까지 고정적으로 생각하고 있던 시간공간 쪽에 여파가 미친다. 종전의 시각의 사고방법을 타파하는 것이 「아웃사이더의 증언」과 「결말이 나지 않는 논쟁」이다. A라는 사건과 B라는 사건을 내가 동시다라고 인정해도 달리고 있는 여러분에게는 동시가 아니다. 내가 오후 3시라면 당연히 자네도 오후 3시다라는 공통의식은 상대론의 세계에서는 이미 통용되지 않는다.

광속이 일정하기 때문에 공간에 대한 인식에 미친 여파가 「아인슈타인의 여의봉」이다. 길이라는 것을 3차원의 공간만으로 정의할 수는 없다.

3차원 공간에 막대기가 있다. 서 보면 어떻게 될까. 2차원에서 본다는 것은 막대기의 그림자를 수직으로 평면에 떨어뜨린다는 것이다. 2차원의 막대기의 길이는 결코 일정하지는 않다. 막대기가 평면에 평행이라면 길어지지만 평면에 대해서 각도를 가지면 짧아진다. 이것이 종전의 ‘길이’다.

그런데 상대론이 되면 3차원의 입장에서 보아도 막대기의 길이가 일정하지는 않다. 시간축을 포함한 4차원 공간을 생각했을 때 비로소 일정해진다.

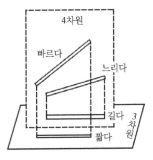

그림 2 ㅣ 4차원의 막대기 투영

3차원 공간에서의 길이라는 것은 4차원 공간에 있는 불변의 길이의 막대기가 떨어뜨린 그림자에 지나지 않는다. 막대기를 짧게 하려면 그림자의 길이를 짧게 하면 된다. 이를 위해서는 막대기를 매우 빨리 달리게 하는 것이다.

상대론의 이야기는 특이한데 이러한 것이 무슨 쓸모가 있는가라고 생각하는 독자가 있을지도 모른다. 확실히 로켓이 아무리 빨리 달려도 아직도 상대론의 영향이 나타나기까지는 다다르지 않는다.

그러나 사이클로트론 속을 달리는 입자나 우주선 속의 소립자의 수명 등은 상대론대로 시간이나 공간이 줄어든다 하여 계산하지 않으면 실험에 맞지 않는다.

소립자의 일반적 이론도 마찬가지다. 많이 있는 입자의 하나하나에 별

그림 3 ㅣ 안에서는 구별이 되지 않는 중력의 효과

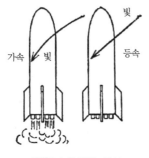

그림4 | 굽어지는 광선

개의 시각을 할당해 준 것을 다시간(多時間) 이론이라 한다. 거듭 연속적인 공간의 연구에 장소가 다른 것과 마찬가지로 시각도 다르다 하여 진행된 연구가 초(超)다시간 이론이다. 전자(電子)가 빛을 방출하거나 흡수하거나 하는 현상을 상대론의 입장에서 생각해 가고 종전의 이론에 나타난 각양각색의 무한대라는 모순을 교묘히 정돈해서 도모나가 박사는 재규격화 이론을 제창하였다.

일반상대론

이제까지 언급한 것은 상대론 중에서도 특수상대론에 관계되는 사항이다. 아인슈타인은 1905년에 특수상대론을 제창하였는데 거듭 1905년 후인 1915년에 일반상대론을 발표하고 있다. 특수상대론에서는 시간과 공간의 동등성을 주장하였으나 일반상대론에서는 거듭 물리학의 기본량으로서 중요한 질량도 시간이나 공간과 관계가 없지 않음을 언급하고 있다.

가속하고 있는 전차에 타고 있다 하자. 손잡이도 인간도 뒤로 당겨진다. 다음으로 전차는 멈춰 있다 하고 전차의 후방에 매우 큰 질량을 가지고 왔다 하자(그러한 일은 실제로는 불가능하지만). 역시 손잡이도 인간

그림5 | 태양 가까이의 빛

1.61~1.95초

태양

빛은 굽는다

도 중력 때문에 뒤로 당겨진다. 이 두 종류의 힘이 완전히 같은 것이다라는 것으로부터 일반상대론은 시작된다.

  등속의 로켓 안이라면 빛의 속도는 일정하고 똑바로 달린다. 그러나 로켓이 가속하고 있는 경우에는 다르다. 빛은 후방으로 굽는다. 가속과 중력이 같다면 빛은 중력이 큰 곳에서 굽어야 할 것이다. 사실상 일식(日蝕)을 이용해서 별을 관측하면 태양의 부근에서 빛이 굽고 있음을 알 수 있다. 이러한 것은 우주 공간이 굽고 있음을 시사하고 있다.

  「우주의 끝」이나 「우주의 중심」처럼 우주는 그 안에 떠 있는 질량을 가진 별 때문에 굽고 닫힌 공간을 형성한다. 가령 별이(즉 질량이) 아무것도 없다면 우주는 무한히 넓은 유클리드 공간이 돼 버리는 것인가라고 질문을 받아도 그대로라고 대답할 수밖에는 없지만 그러한 있지도 않은 것을 생각해도 소용없다. 질량이 없다는 것은 시간이 없다는 것과 마찬가지로 생각할 수 없다.

  광학의 항에서 언급한 페르마의 원리를 적용하면 빛은 태양과 가까운 곳을 가급적 많이 통과하는 편이 목적지에 빨리 도착할 것이다. 이러한 것은 큰 중력장에서는 시간의 경과가 느리다는 것을 이야기해 주고 있다. 중력장과 가속계에서는 내용이 같다는 것을 앞에서 언급했다. 따라서 가속계에 있는 것은 시간이 경과하는 것이 느려서 「현대판 우라시마 타로」처럼 된다.

  우주는 유한의 크기이다라고 말해도 좀처럼 인정해 주지 않는 것이 일반적이다. 유한이라 말해도 그 바깥쪽은 어떠한가, 거기는 우주가 아닌가라고 추궁당한다. 참으로 설명하기 어렵다. 원래 "바깥쪽" 등이라는 말이 나오는 것 자체가 공간은 무한으로 넓은 것이고 그 일부분이 우주라는 전제에 입각한 것이다. 먼저 그 전제를 비판하고 부정하지 않으면 안 된다. 공간은 무한으로 넓어야 마땅한 것이라는 사고방식은 인간이 제멋대로 하는 상상일 뿐이다. 지구에 대해서 인식이 없는 옛날 사람이 대지(大地)는 어디까지라도 직선적으로 뻗어 있다고 믿고 있었던 완고성(頑固性)

과 50보 100보다. 대지와 수면을 합친 것(즉 지구의 표면적)이 무한으로 크지는 않다는 것과 마찬가지로 공간(즉 우주)의 넓이도 유한이어서 나쁠 까닭이 없다. 그 공간 이외에는 정말로 아무것도 없는 것이다. 자연과학의 대상이 될 수 없다. 다만 이 우주가 팽창하고 있다는 것은 확실한 것 같다. 별로부터 온 빛의 어긋남이 그것을 보여 주고 있다.